土木工程师成长记录

学习土木工程的101点体会

［美］约翰·库普雷纳斯（John Kuprenas）
［美］马修·弗莱德里克（Matthew Frederick）　著
刘晓安　译

机 械 工 业 出 版 社

101 THINGS I LEARNED IN ENGINEERING SCHOOL by JOHN KUPRENAS With MATTHEW FREDERICK.
ISBN：978-1-4555-0977-5

北京市版权局著作权合同登记　图字：01-2014-2050号。

图书在版编目（CIP）数据

土木工程师成长记录：学习土木工程的101点体会/（美）约翰·库普雷纳斯（John Kuprenas），（美）马修·弗莱德里克（Matthew Frederick）著；刘晓安译. —北京：机械工业出版社，2016.6
书名原文：101 Things I Learned in Engineering School
ISBN 978-7-111-54222-3

Ⅰ.①土…　Ⅱ.①约…　②马…　③刘…　Ⅲ.①土木工程　Ⅳ.①TU

中国版本图书馆CIP数据核字（2016）第154860号

机械工业出版社（北京市百万庄大街22号　邮政编码100037）
策划编辑：关正美　责任编辑：关正美　刘志刚
封面设计：鞠　杨　责任校对：崔兴娜
责任印制：李　洋
北京汇林印务有限公司印刷
2016年10月第1版第1次印刷
176mm × 126mm · 6.75印张 · 118千字
标准书号：ISBN 978-7-111- 54222-3
定价：35.00 元

凡购本书，如有缺页、倒页、脱页，由本社发行部调换

电话服务
服务咨询热线：010-88361066
读者购书热线：010-68326294

网络服务
机工官网：www.cmpbook.com
机工官博：weibo.com/cmp1952
金　书　网：www.golden-book.com
教育服务网：www.cmpedu.com

封面无防伪标均为盗版

致我的家人

——约翰·库普雷纳斯

作者寄语

工程师认为他们的职业具有吸引力和创造性，并富于挑战，而行外人士则常常认为这项工作重复、机械、令人沮丧。

不过，这两种观点都承认，工程是很复杂的。它需要大量的数学、物理和化学的知识，通常学习这些知识占据了大学课程前两年的大部分时间。这些课程关注知识点细节，却并不提供其应用的环境。初学工程时，我沮丧地发现，在课堂上学习的计算和抽象概念都难以同现实世界结合起来。工程专业课程让我知其然不知其所以然。

本书改变了这种情况，主要通过其应用的环境来介绍工程，强调一些基本概念背后的常识，以及各专业间交织的主题和能从现实环境中得出的简洁原理。我相信，这本书让人既知其然，也知其所以然。

我希望，这本书能吸引和启发那些希冀提升数学和科学知识的学生，同时鼓励工程师们思考工作领域中各种精妙的关系，还能让工程初学者们都像工程师们一样，把工程看成是吸引人、有挑战、重合作、有回报的行业。

约翰·库普雷纳斯

致谢

感谢威斯顿·赫斯特、凯斯·克兰达尔、本·格威克、威廉 C.伊布斯、普罗文达 K.麦塔、戴维·布莱克威尔。感谢天窗书店和鲍威尔书籍店的书给我带来灵感，以及在费加罗咖啡馆与人们进行的交谈。

——约翰

感谢凯伦·安德鲁斯、妮可·邦德、雷吉娜·布鲁克斯、南茜·拜恩、索奇·菲尔班克、文卡塔拉玛那·加达姆舍蒂、梅瑞迪斯·哈格蒂、哈摩妮·豪雷、达兰·霍克、戴维·麦克内利、杰米·拉布、阿伦·桑托斯、西蒙·舍凌、卡莉·施迈克、雷卡·拉玛尼、尼克·斯摩尔、弗拉格·托鲁兹、汤姆·沃特尼和尼克·沃尔夫。还要特别感谢马沙尔·奥汀、梅耶夫·博登霍夫和戴维·马拉德提供的建议、帮助和支持。

——马修

输入
输出

工程成也黑盒，败也黑盒。

“黑盒”是指某一工程专业的知识、方法和假设的概念性容器。在多学科设计团队里，一个专业的输出就是一个或多个其他专业“黑盒”的输入。例如，供油系统的设计者，利用“供油系统黑盒”，将输出提供给发动机的设计者；然后发动机的设计者将其“黑盒”的输出提供给自动传输的设计者，以此类推。

设计成果并不是线性地出现的，但设计团队是工作在相互联系的关系网中的。因此，“黑盒”模型在设计过程中处于随时改进的理想状态时效果最好，因为此时限制条件越来越清楚，改进机会也会出现，设计原型得以测试，目标变得明确，等等。但当试图让“黑盒”一成不变或者过于机械时，其效果最差。

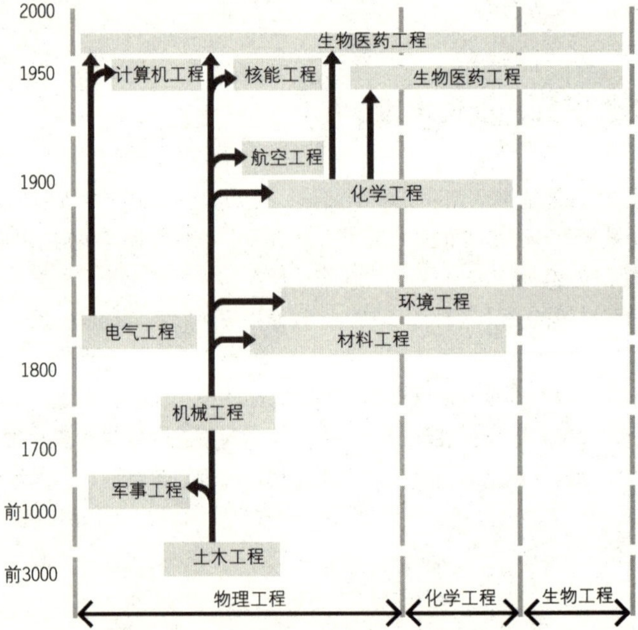
2000
1950
1900
1800
1700
前1000
前3000
生物医药工程
计算机工程
核能工程
生物医药工程
航空工程
化学工程
环境工程
电气工程
材料工程
机械工程
军事工程
土木工程
物理工程
化学工程
生物工程

工程学“族谱”

土木工程是所有工程的起源。

在罗马帝国早期，土木工程和军事工程是一回事。直到美国军事学院（“西点军校”）作为美洲第一所工程学校于1802年在纽约州西点建立，这两者之间的关系仍非常紧密。美国军事学院的毕业生们，规划、设计和建造了这个国家大量的早期基础设施，包括公路、铁路、桥梁及港口，还为美国西部大部分地区绘制了地图。

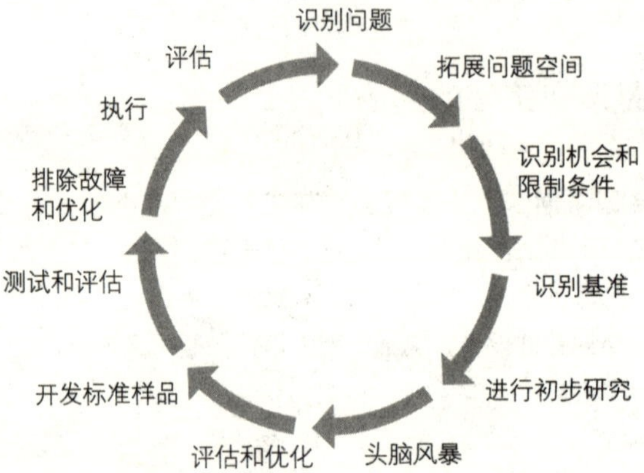
识别问题
拓展问题空间
识别机会和限制条件
识别基准
进行初步研究
头脑风暴
评估和优化
开发标准样品
测试和评估
排除故障和优化
执行
评估

工程的核心不是计算，而是解决问题。

学校教学可能以教数字作为起点，但对于工程来说，计算既不是起点，也并非终极目标。计算是一种手段，可以让解决方案提供有效、客观可衡量的改进。

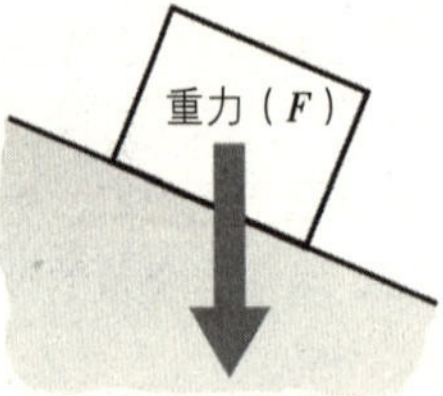

斜坡上的物体

重力分解图

物体受力图

每个问题都建立在熟悉的原理上。

每个问题里都有一个“钩子”，这个“钩子”是我们所熟悉的静力学、物理学或者数学的一个基本概念。当碰上复杂问题时，就可以用我们熟悉的原理和工具，来了解这个问题的各个方面。这个过程可能是凭直觉完成的，也可能是用某种方法完成的，只要最终使用的工具从科学上讲是合理的。从熟悉的原理和工具上着手，要么能直指解决问题的方向，要么也能告诉我们需要什么新工具和新知识。

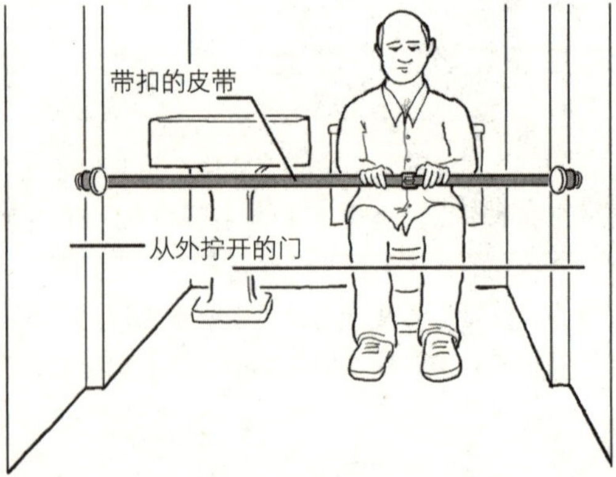

魁北克路易十四酒店防止客人将其他人关在公共洗手间外面的方法

每个问题都很独特。

解决工程问题的基础是熟悉的原理，但仍需要创新。有些解决问题的“工具”来自死记硬背和不断重复，而有些则凭直觉；有些死记硬背学到的知识原理时间久了就变成直觉，还有一些则变得不重要甚至被遗忘。人们应将在解决问题过程中开发的“工具”添加到自己的“工具箱”中，用于解决以后会遇见的问题。但更重要的是，人们应当将发现“新工具”的方法，一起加到“工具箱”里。

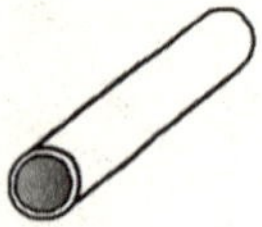

直管

流动每100英尺㊀的摩擦力损失为5.5英尺。

90° 弯管

摩擦力损失相当于4英尺直管。

45° 弯管

摩擦力相当于2英尺直管

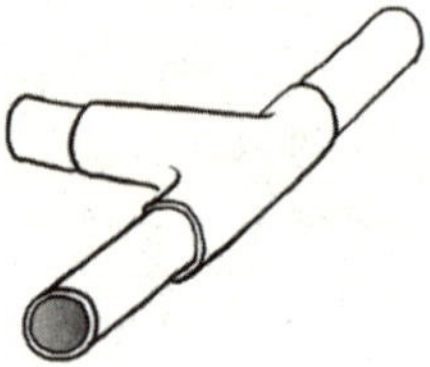

T形分叉旁通管

摩擦力相当于8英尺直管

计算压力损失可以将元件转换成长度相同的直管来进行简化。

（假设直径1.5英寸㊁的PVC管的初始流速为每分钟30加仑㊂）

㊀ 1英尺=0.3048米。

㊁ 1英寸=25.4毫米。

㊂ 1加仑=4.546升。——译者注

6

“小方法解决大问题”。

——托尼·霍尔

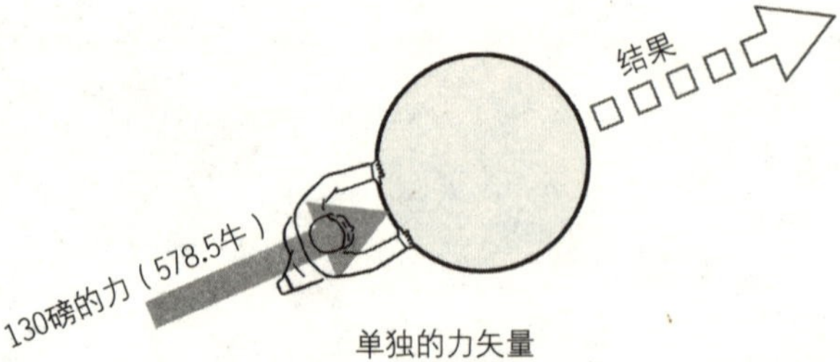

单独的力矢量

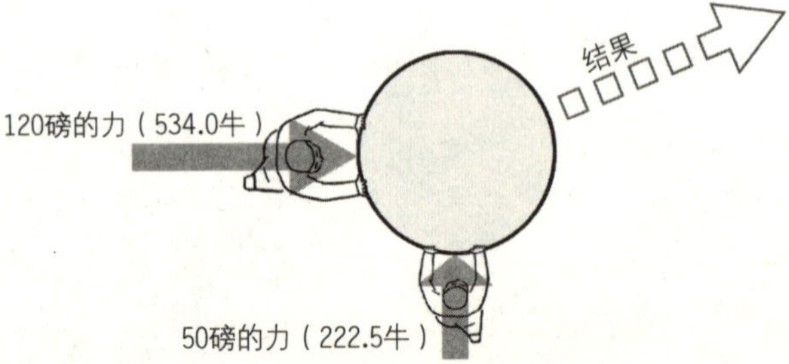

两个相同的力矢量

人就是一个矢量。

力是由矢量图来表现的。一个矢量的长度就是其大小，其方向由与x、y、z轴的关系确定。每个人都有一个重力矢量，其大小以磅或牛顿来计量，方向朝向地心。任意单独的矢量可以由多个矢量的组合来代替，反之亦可。

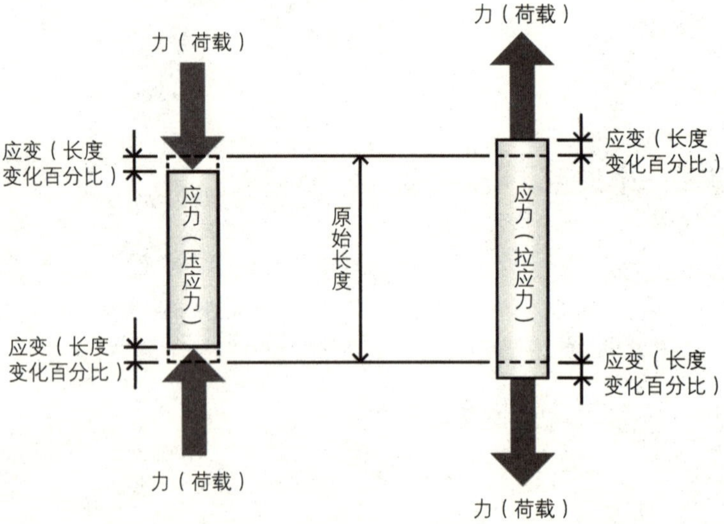

力（荷载）
应变（长度
变化百分比）
应力（压应力）
原始长度
应变（长度
变化百分比）
力（荷载）
力（荷载）
应变（长度
变化百分比）
应力（拉应力）
应变（长度
变化百分比）
力（荷载）

一个物体接纳外力，受到某种应力作用，并表现应变。

力、应力和应变在外行人看来有点混乱，工程师用起来可能也不那么严谨规范。但是，它们的含义有所不同。

力，通常也称为荷载，从外部作用于一个物体，导致其速度、方向或形状发生改变。力的例子包括潜水艇承受的水压力、桥梁的雪荷载以及摩天大楼侧面所受的风荷载。

应力是物体对力的“体验”，是其对作用在其上外力的反应。应力是指单位面积上的荷载，以磅/每平方英寸（牛/每平米）等单位来表达。

应变是应力的产物。它是物体可测量的变形或变化的百分数，例如长度的变化。

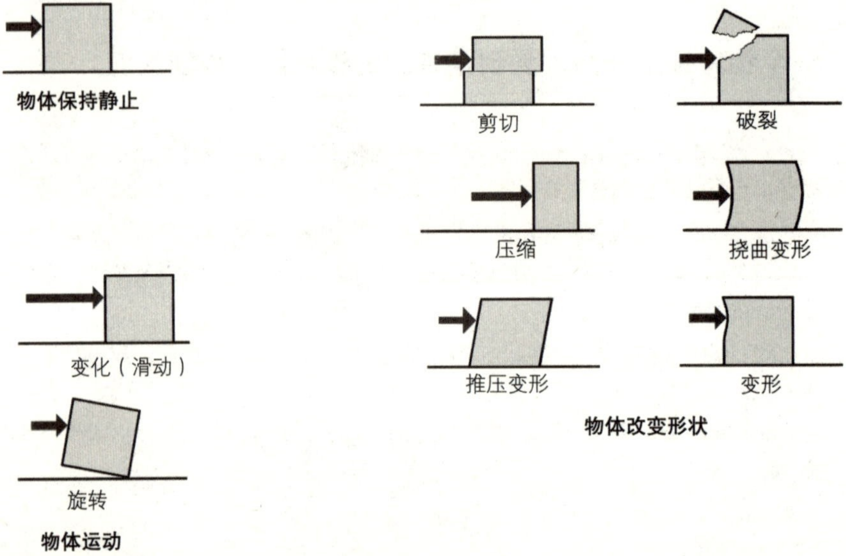
物体保持静止
变化（滑动）
旋转
物体运动
剪切
破裂
压缩
挠曲变形
推压变形
变形
物体改变形状

当力作用在物体上时，发生了三件事。

一个物体受力后，或保持静止，或移动，或改变形状，或者发生以上三者的组合。机械工程通常研究如何利用运动，而结构工程试图阻止或减小运动。不过，几乎所有工程学科的目标都是最大限度地减少设计对象的形状变化。

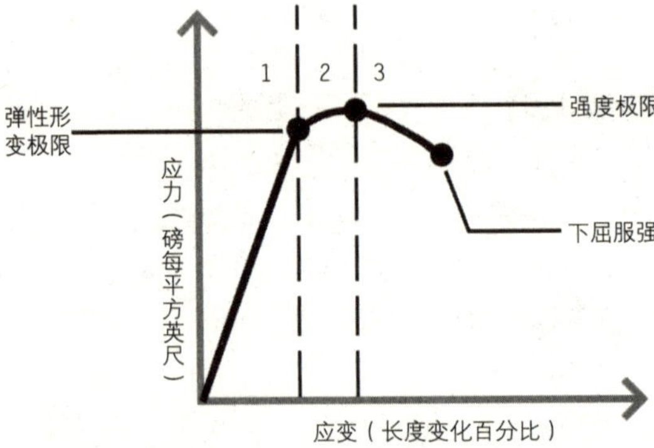

简化的应力–应变曲线图

当作用在固定物体上的力增加时，发生了三件事。

1. **均匀拉伸（弹性形变）：** 当一个物体，例如钢筋，承受拉力时，在最初阶段，形变与受力成正比。如果荷载x导致钢筋发生了形变d，荷载$2x$将会导致形变$2d$，荷载$3x$会导致形变$3d$，以此类推。如果荷载被移除，钢筋将恢复其原来长度。

2. **不均匀拉伸（塑性形变）：** 荷载超过某数值后（不同材料的该数值不同），该物体形变的速度将超过荷载增加的速度。如果荷载$10x$产生了形变$10d$，那么荷载$10.5x$可能产生形变$20d$。当荷载被移除时，材料不太可能回到原来的长度。

3. **延展：** 如果荷载继续增加，材料的形变将明显可见，并将迅速断裂。

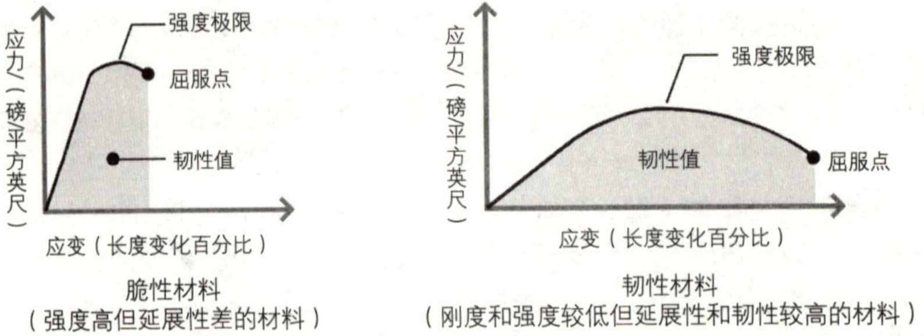

强度极限
屈服点
应力/（磅/平方英尺）
韧性值
应变（长度变化百分比）
脆性材料
（强度高但延展性差的材料）
强度极限
屈服点
应力/（磅/平方英尺）
韧性值
应变（长度变化百分比）
韧性材料
（刚度和强度较低但延展性和韧性较高的材料）

简化的应力-应变曲线图

材料的四种特性

刚度/弹性表示材料在受力条件下长度增加或减少的特性。刚度是对长度变化的阻碍能力。弹性是回复到原来形状和尺寸的性能。刚度由弹性模量来表示，它是应力—应变曲线直线段的斜率，斜率越大，刚性越大。

强度是指材料承受外力的能力。某种材料的最大强度（通常是拉伸强度而不是压缩强度）由应力—应变曲线的最高点来表示。

延展性/脆性是材料在断裂前变形或拉伸的范围。具有高度延展性的材料就像太妃糖一样，其应力—应变曲线向右扩展得很远。非常脆的材料就像粉笔，在达到最大强度后，其应力—应变曲线迅速中断。

韧性是指材料在断裂前吸收能量的综合能力，由应力—应变曲线下方的总面积表示。

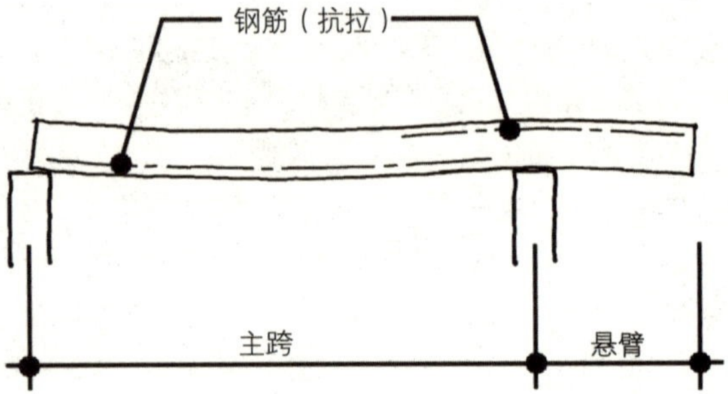

钢筋混凝土梁

材料抵抗力

材料随着环境的变化而收缩或膨胀，并因老化改变其长度、形状、尺寸和弹性。具有相似特性的材料，从本质上说可以结合起来。钢和混凝土具有几乎相同的热膨胀系数，所以如果没有这个特性，钢筋—混凝土梁可能在普通温度变化时就破碎了。

然而更为常见的情况是，材料之间特性相差很大。不同材料相互接触时会争夺电子，引起腐蚀。在温度、湿度和大气压力发生变化时，它们尺寸和形状变化的速度不同；甚至它们对磨损和维护的反应也各不相同。例如，飞机的轮子和轮胎，它们对飞机正常使用下的温度、气压和荷载的急速变化反应不同。要使轮子和轮胎关系的统一性得到保障，就得在系统设计的时候，将各组件的物理特性全部考虑在内才行。

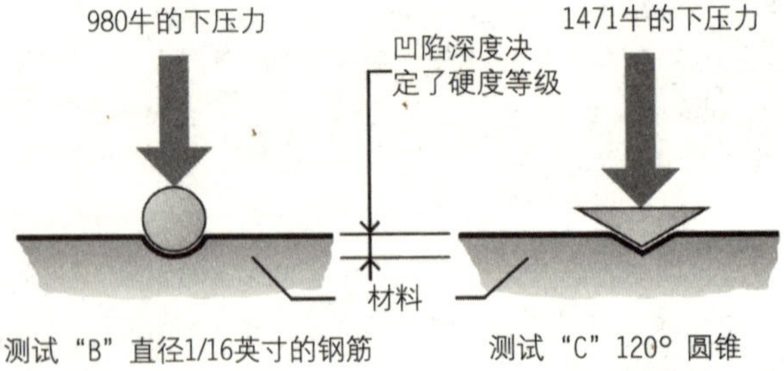
980牛的下压力
1471牛的下压力
凹陷深度决
定了硬度等级
材料
测试“B”直径1/16英寸的钢筋
测试“C”120° 圆锥

洛氏硬度试验

强度更大不代表寿命更长。

镍合金材料是镍、铜和铁的合金，其耐腐蚀能力强，非常适用于潮湿环境。然而在1915年，一艘完全由镍合金制造的船，虽然被寄望可以使用很长时间，但这艘长215英尺、宽34英尺名为“海洋之声”的大船，仅仅在使用六周后就报废了。该船镍合金船壳完好无损，但其铁制框架在使用前，就因为在海水中与镍合金接触发生电解反应而损毁了。

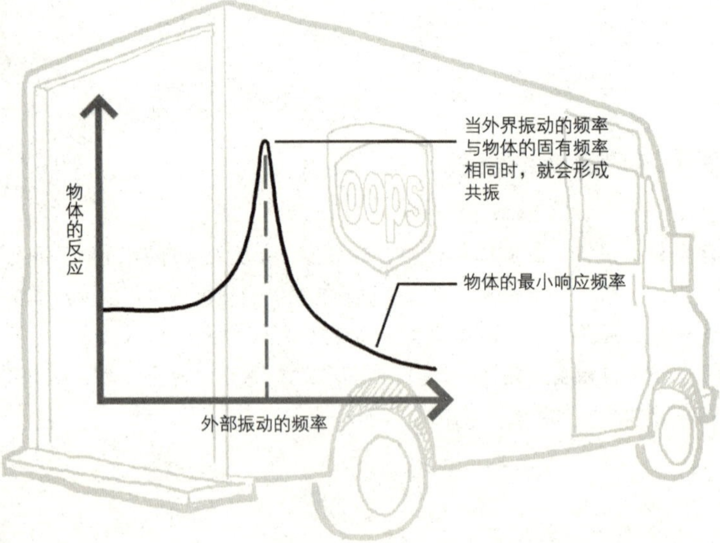
当外界振动的频率
与物体的固有频率
相同时，就会形成
共振
物体的反应
oops
物体的最小响应频率
外部振动的频率

更软的保护材料并不一定提供更强的保护作用。

包装工程师发现，物品在运输过程中偶然掉落并不常见，在很高的地方掉落的可能性更小，当然大多数物品从很高的地方掉落都会损坏。尽管在运输过程中发生事故的概率很小，然而每种物品都会受到来自运输车辆振动的影响。不合适的缓冲（保护）材料会增大振动，传递到敏感物品上的振动净值和该物品的固有频率相同的话，该物品就会损坏。设计不合理的包装反而会损坏它本来想要保护的物品。

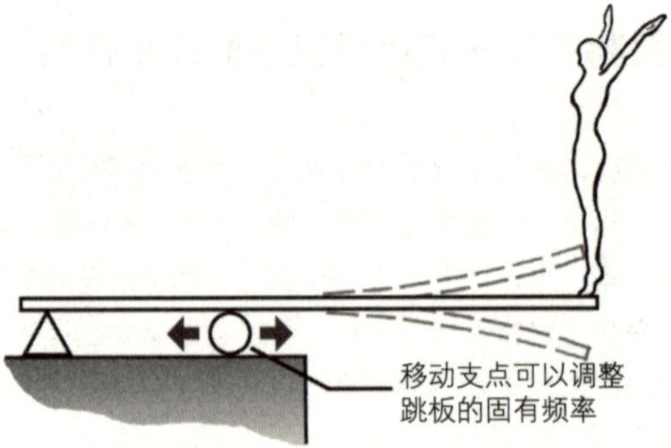

每次起跳，跳水的人都在踏板中储存能量。每次起跳，调整跳板的固有频率，起跳的高度就可以增加了。

士兵不能列队行进通过大桥。

在普通力的作用下，结构的各部件发生振动，就像吉他和弦受到弹拨一样。一个物体的固有频率或共振频率就是它在受到扰动的情况下，完成一个周期运动所需的时间。

当外力反复作用在一个结构部件上且外力频率与该部件的固有频率相同时，该部件的振动反应就在每个周期内得到增强。振动效果从蜂鸣声（例如机械设备与大梁的固有频率相同时发出的声响）到令人不舒服的振动，甚至有可能出现坍塌情况。许多震级较小的地震也造成了巨大的损失，原因就是地震波的频率与受影响的建筑物的固有频率相同。在2000年，数以千计的人庆祝伦敦千禧桥启用，当人们用大桥固有频率相同的频率走过大桥时，大桥发生了晃动。人们晃动身体以应对大桥晃动，不料反而加强了共振。在此次事故后，大桥被关闭，桥梁结构系统进行了整修。

空气动力振动

“舞动的格蒂”垮塌的原因。

位于美国华盛顿州的塔科马悬索桥在1940年完工时是当时世界上同类型桥梁中的第三大桥。尽管在建造中就观察到了不寻常的摆动，但这座绰号为“舞动的格蒂”（Galloping Gertie）的大桥仍于当年7月对外开放。11月，当司机莱昂纳多·考斯特沃斯独自驾车和他的猎犬图比通过大桥时，这座大桥开始晃动。因为不能继续开车，也不能把狗从车里拽出来，考斯特沃斯便跑掉了。虽然他数次尝试但仍没能救出狗和车，最后，狗和车掉进了普吉特海湾。

大桥垮塌的原因到现在仍在争论。但华盛顿州高速公路管理部门认为，并不像通常想象的那样，是有节奏的风让大桥发生了共振而产生垮塌。该部门认为，是空气动力震颤（对空气运动的振动反应，在机翼中常见）引起的扭转震颤（反复扭曲）导致了事故的发生。这座大桥的主桥跨长2800英尺，宽39英尺，抵御风力的能力很差，而主钢架仅由8英寸厚的钢板制成。其实早期的方案建议钢梁应该是由25英寸厚的空腹钢梁加劲桁架结构。

这座桥垮塌后十年，修建了另一座新桥。这座昵称是“强壮的格蒂”的新桥保留了原来的引桥和桥墩，但使用了33英寸厚的空腹钢梁加劲桁架。

部分电压序列

电池的工作原理是腐蚀。

所有金属表面都有约束不强的电子。当两种金属接触时，各自的原子争着吸引电子。更“温和”的阴极金属从更“活跃”的阳极金属吸引电子。这种电子的运动使得阳极金属发生腐蚀，并形成了电流。常见的家用电池使用碳锌电池产生电流，并且锌极腐蚀更厉害。

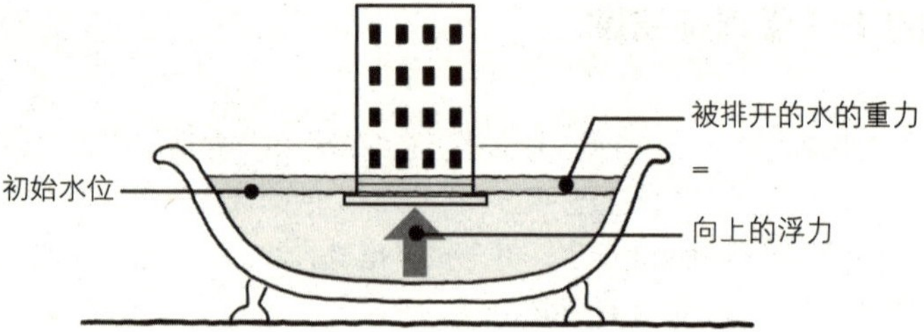

阿基米德原理

建筑物会漂起来。

物体所受向上的浮力与其排开的水的重力相同。如果一座建筑物的下部楼层在地下水位下方，那么浮力会试图将建筑物抬起来，即使被排开的水已分散在泥土中。对于完整的建筑物来说，浮起来固然不太可能，但深基础、地下建筑或者地下停车场可能会在没有上覆建筑的情况下浮到地面。因此，地下的储油罐必须固定在混凝土块上，混凝土块的重量与罐子排开的地下水的重力相同。

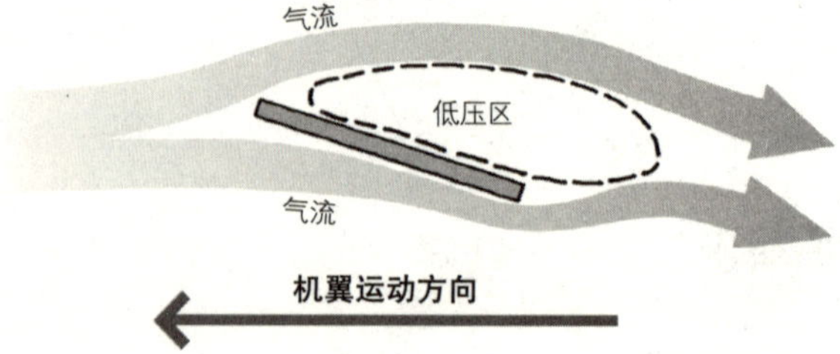
气流
低压区
气流
机翼运动方向

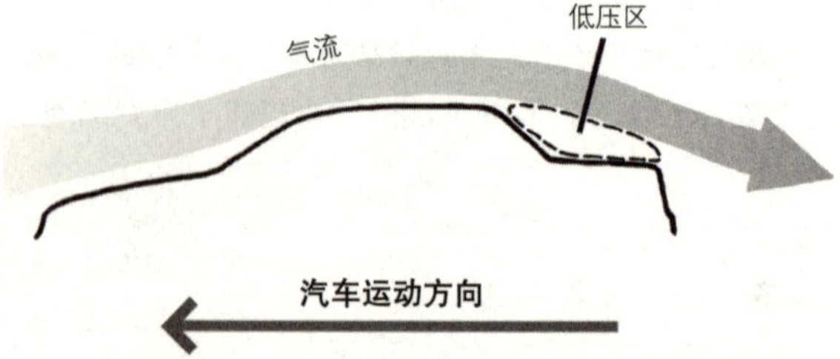
低压区
气流
汽车运动方向

汽车会飞

实际上，机翼无须刻意塑形（制作成现实机翼的样子）就可以让飞机飞起来。一只完全平整的机翼在角度合适的情况下，当飞机向前移动时，紧贴机翼的正上方区域会形成一个低压区，从而形成上升力。但科学的飞机翼形可以让阻力更小，工作效率更高。

在汽车前行的过程中，也形成了相似的低压区，尤其是传统的轿车。轿车在前行时，后备厢上方形成了低压区。当车速超过每小时70英里时，车子后方的抬升力会明显影响驾驶员的操控。当车速超过每小时200英里时，车子就可能飞起来啦！

图选自美国第4386801号专利，发明者为柯林·查普曼等。

地面效应（地效）

赛车的后翼在车辆后部带来了向下的力来抵消升力。但这样做加大了阻力，降低了空气动力效率。

英国发明家柯林·查普曼试图设计赛车后翼的替代形式。最终，他在车辆下方创造了一个从前到后的空气通道。通道的上部像是一个倒置的翼形。结合非常窄的地面间隙及赛车侧裙，车下方的空气就要通过一个很窄的区域，因此空气的速度加快。由于移动速度较快的空气压力较低，车子看起来像是被“吸”向赛道。查普曼的“地效”应用到一级方程式赛车中非常有效，以至于很快被禁止使用。

这项禁令也有好的效果。如果一辆具有“吸地效应”的车在高速行驶时碰到地面隆起，那么空气通道就会被损坏，给车辆控制带来灾难性后果。但查普曼的聪明才智是不可否认的，他没有考虑在车辆上方制造更多向下的推力，相反他从另一个方向出发，制造出向下的拉力。

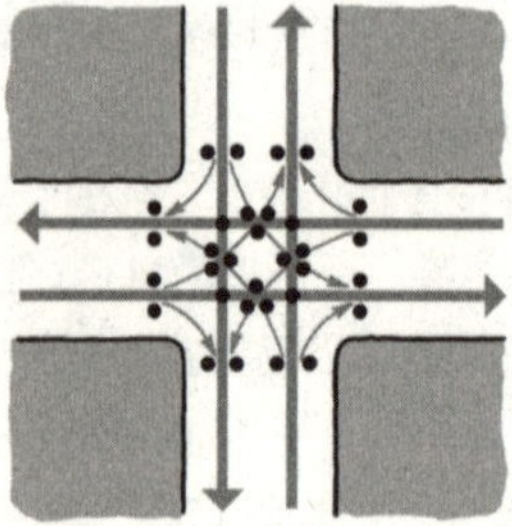

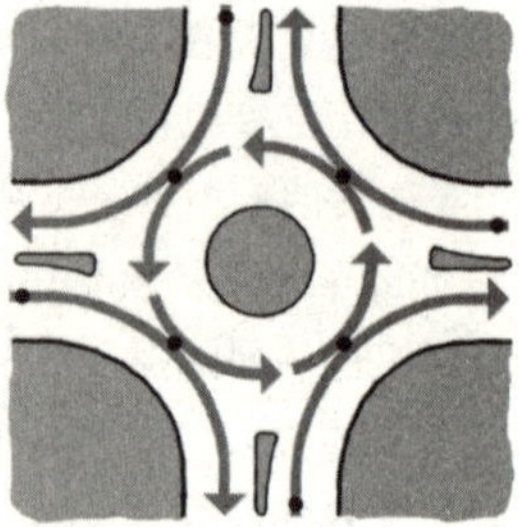

传统十字路口		**环岛**
32	车辆冲撞点（图中黑点所示）	8
1300～1500	每小时车道数量	1800
高达55英里/小时	运行速度	15～25英里/小时
最大90°	碰撞角度	低

环岛是最安全高效的路口。

环岛取代了传统十字路口，堵车现象最多下降了89%，而事故下降了30%~75%，事故死亡率也下降了50%~70%。有人指出由于事故减少带来的收益是投资的8倍。

德克萨斯大学一个工程团队发现，安装闪烁交通灯的十字路口是最危险的路口类型，其事故率是安装红绿灯路口事故率的4倍，是环岛事故率的6~7倍。

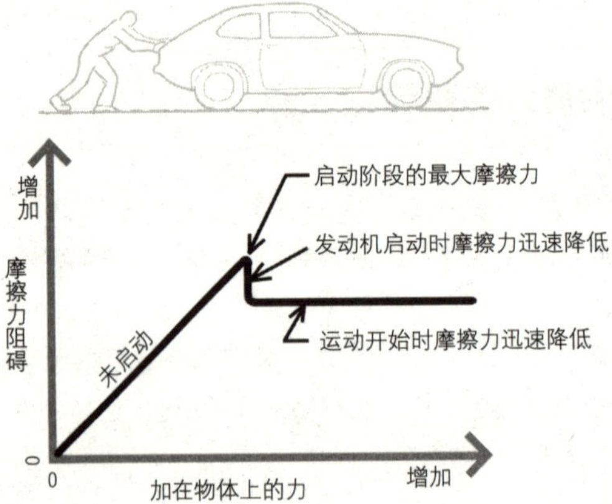

增加
摩擦力阻碍
启动阶段的最大摩擦力
发动机启动时摩擦力迅速降低
未启动
运动开始时摩擦力迅速降低
0
0
加在物体上的力
增加

摩擦力制造滚动，也阻碍滚动。

物体因与其滑过或滚过的表面之间的摩擦力而减速，这是由于各自表面的各种细微突起互相阻碍运动。摩擦力越大，车轮的效率下降得越多，产生的热量也越多。摩擦力越小，车轮运动更自由，效率越高。这样看来，没有摩擦力似乎对车轮是最好的状况，因为此时车轮的效率达到最佳。但车辆在没有牵引力（摩擦力）的情况下，车轮不可能滚动，只能滑动。

π=3.14
准确但不精确
π=3.1415926535
准确且精确
π=3.4566289441
不准确但精确

准确和精确是不同的。

准确是指不存在误差，**精确**是指详细的程度。有效地解决问题通常需要准确，仅在某些解决问题的特定阶段需要精确。在解决问题的早期阶段，使用准确但不精确的方法，而非极度精确的方法，更能让人考虑到所有可能的路径，并忽略不必要的细节。

我把这个泵的功率提高到了每分钟6000加仑，但是这项数值比规定值多了40磅。
我们已经达到了我们的极限，看看团队中的其他人是否能帮你解决这40磅。

24

补偿常常存在。

轻盈和力量，响应时间和噪声，质量和成本，有效响应和无效响应，测量的速度和精度，设计时间和设计质量，等等。要对每种设计考虑都做出最好的响应是不可能的。好的设计，不是每种响应的最大化，也不是对各种响应的折中，而是各种方案的优化。

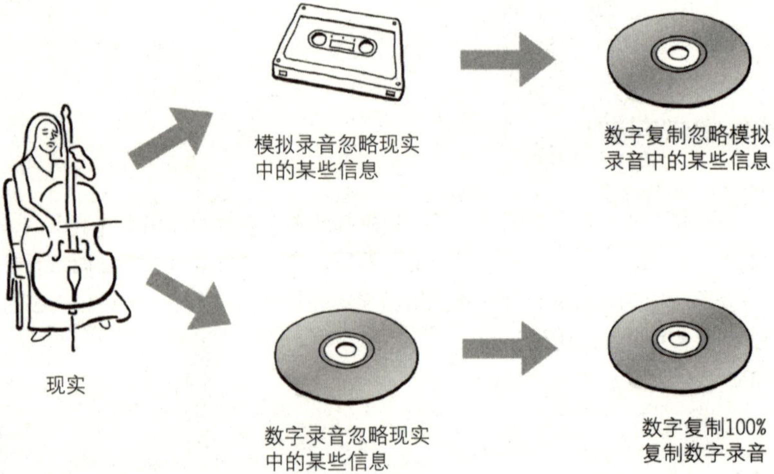
模拟录音忽略现实中的某些信息
数字复制忽略模拟录音中的某些信息
现实
数字录音忽略现实中的某些信息
数字复制100%复制数字录音

25

量化仅仅是近似值。

工程学遵循科学定律，但自然并不这样。作为人类创造的知识体系，科学被包含在现实中。然而自然却遵守其自身规律，而科学是人类解释自然的卓越但又不完美的尝试。数字化并不完全展现现实，而只完美展示自身。

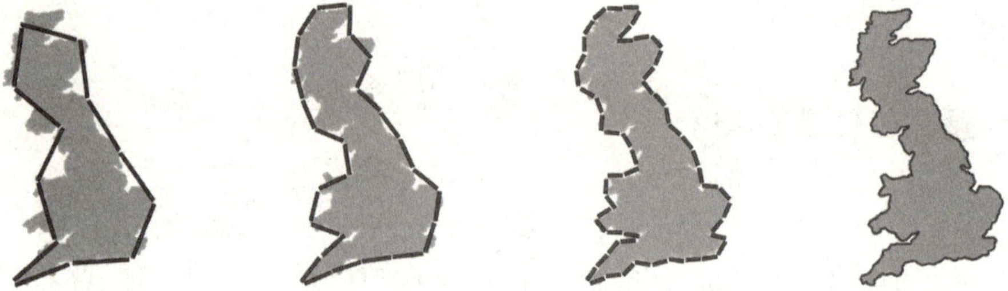

测量单元200km
海岸线长度2400km

测量单元100km
海岸线长度2600km

测量单元50km
海岸线长度3100km

英国军队测量
海岸线长度17820km

随着测量单元长度降低，不规则形状物体的周长增长并接近无限。

26

随机假设1

在对某事物量化之前，你无法完全了解它。但如果你只是对事物机械地量化，那么你什么都不会了解。

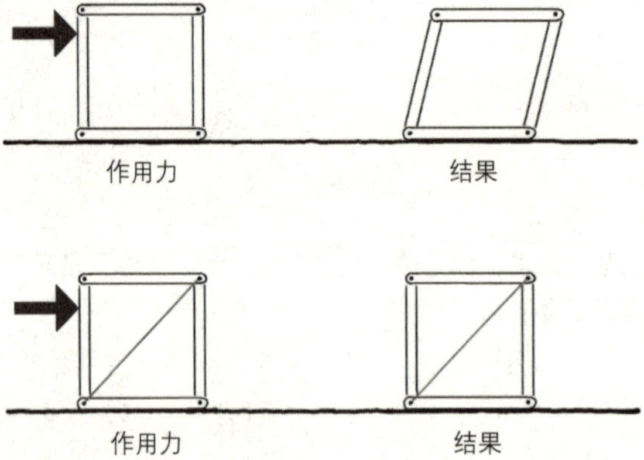
作用力
结果
作用力
结果

三角形从本质上是稳定的。

三角形与其他线性形状不同，其各边和各角是相互依存的：即不可能在不改变一边长度的情况下改变一个角，反之亦然。相比之下，一个正方形可以在各边长度都不变的情况下变成平行四边形。

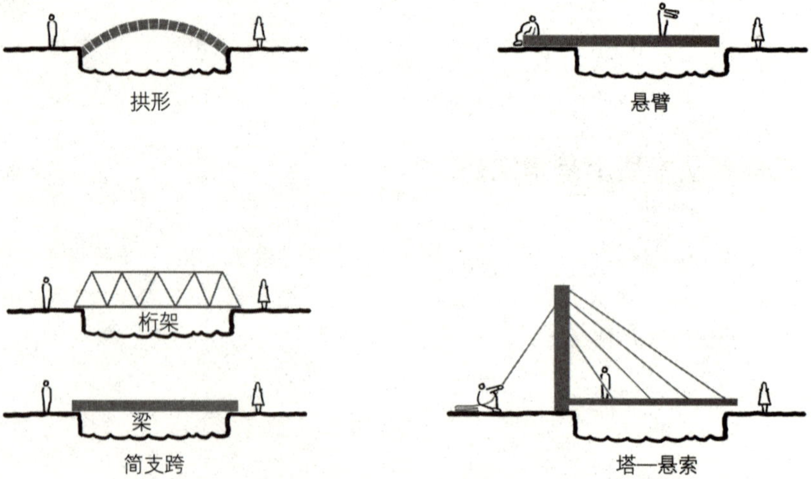

跨的四种结构形式

28

简单的三角形构成了复杂的桁架。

桁架是梁的复杂形式，其利用了三角形内在的稳定性。向一个三角形同时增加两条腿，这样一系列独立的三角形就构成了一个稳定的结构，仅利用普通梁的部分材料，就可以跨越很长的距离。

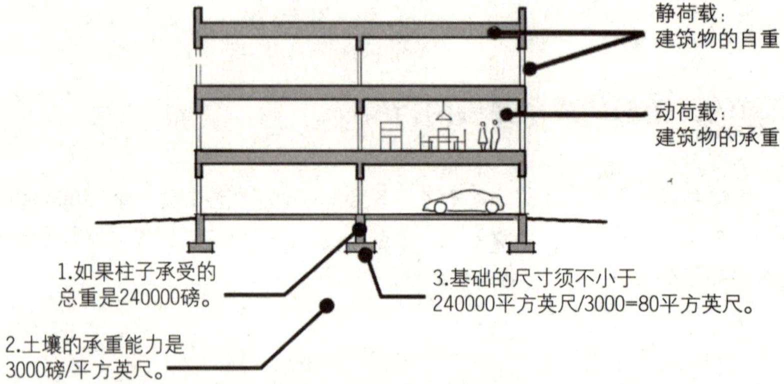
静荷载：
建筑物的自重
动荷载：
建筑物的承重
1.如果柱子承受的
总重是240000磅。
3.基础的尺寸须不小于
240000平方英尺/3000=80平方英尺。
2.土壤的承重能力是
3000磅/平方英尺。

建筑物的承重可能比其自重更大。

建筑物的**静荷载**是其自重，在其生命周期中是恒定的。它包括主结构（主梁、柱子、次梁等），主要建筑系统（二次结构）（外墙、窗子、房顶、内饰等），永久性建筑架构（楼梯、隔断和楼板材料等），以及机械结构（采暖、制冷、水电等）。

建筑物的**动荷载**在其生命周期中是变化的。它包括人、家具、车辆、风、地震、雪、外物的影响，以及类似变化的荷载来源。

总荷载传递到建筑物的基础，然后传递到土壤。单位面积上的总荷载不能超过土壤的承重能力。

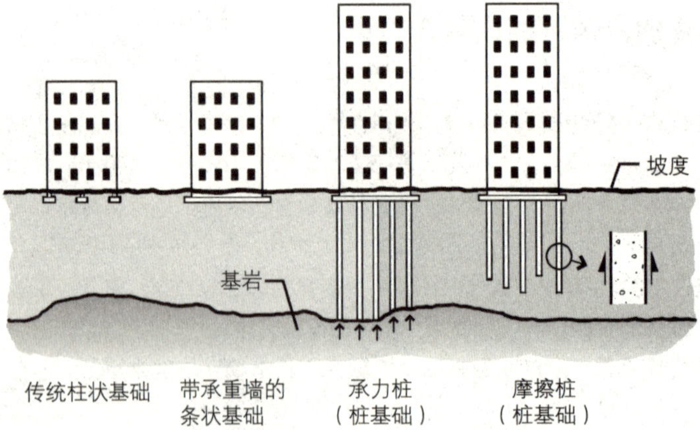

常用基础类型

30

结构施工是从下往上的，而结构设计却是从上往下。

建筑物的下部结构支撑其上部结构。设计结构的任何部分前，位于其上的部分应先进行分析和设计，但也不要用从上到下一贯到底的方式进行结构设计。从概念设计到最终设计，不断地修正和优化，以确定荷载传递到土壤的最优方式。

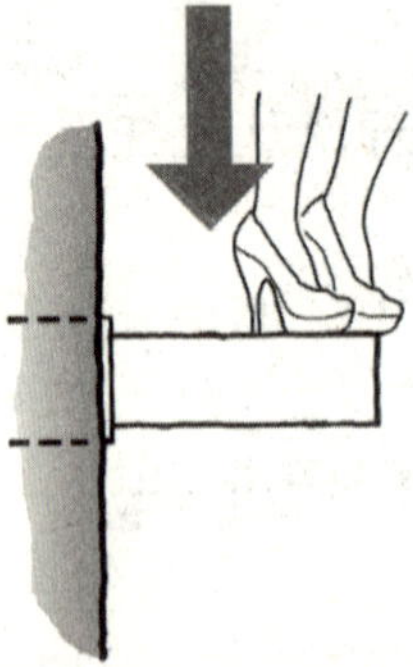

伸入墙壁的悬臂

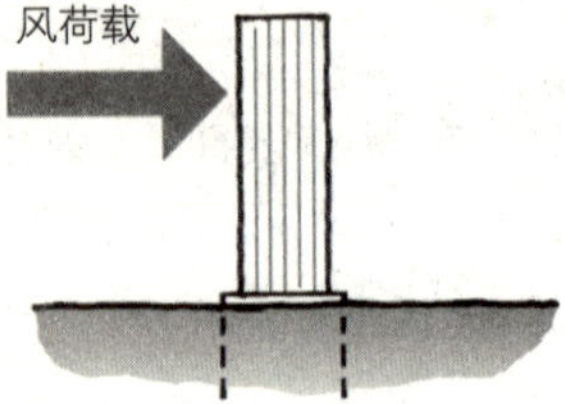

摩天大楼像伸入地面的“悬臂”

摩天大楼是一个垂直的悬臂。

摩天大楼结构设计的主要挑战不是抵抗垂直的重力荷载，而是抵抗来自侧面的风荷载和地震荷载。因此，高层结构的工作原理和设计概念可以看作垂直地面的悬臂。

斜撑

侧向力在结构中的分布

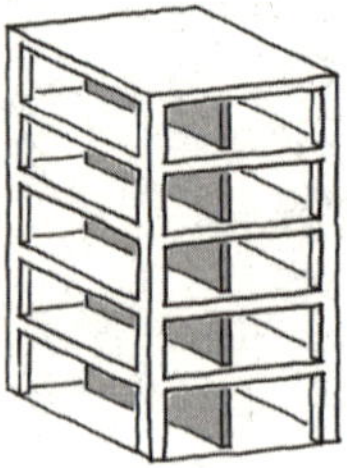

剪力墙

超静定刚性结构抗侧力在表面的分布

地板隔膜

超静定刚性结构抗蚀横向力在该层的分布

提高横向强度的三种方法

地震设计：让建筑物要么柔性大，要么刚性大。

地震的显著特征是横（侧）向移动。建筑物要抵御地震，要么柔韧性好，要么刚性很强。对**柔性结构**，柱子和梁的连接点在受力时，旋转有一定的自由度和减震效应。在**刚性结构**中，结构间有非常牢固的连接点，基础中设有隔离装置（通常是大尺寸的橡胶圆环）。在这两种系统中，地震能量被削弱，使得建筑物中的居民经受的地震能量变小了。

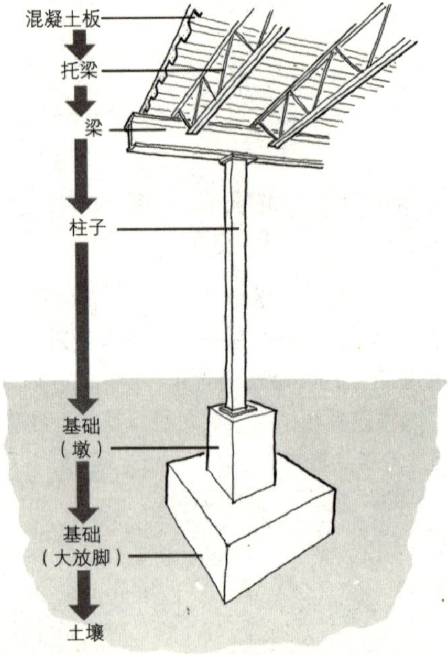
混凝土板
托梁
梁
柱子
基础
（墩）
基础
（大放脚）
土壤

确保建筑物的工作方式是合理的。

结构荷载在建筑物中向下传递的路径就是**荷载路径**。有时候，荷载传递的路径与想象中的不一样。例如，当承重梁下的非受力隔断在梁因受普通荷载而松弛时，荷载会传递到隔断和下层的楼板，使楼板松弛甚至损坏。

弄清楚如何让建筑物工作与让建筑物在不利条件下不工作同样重要。

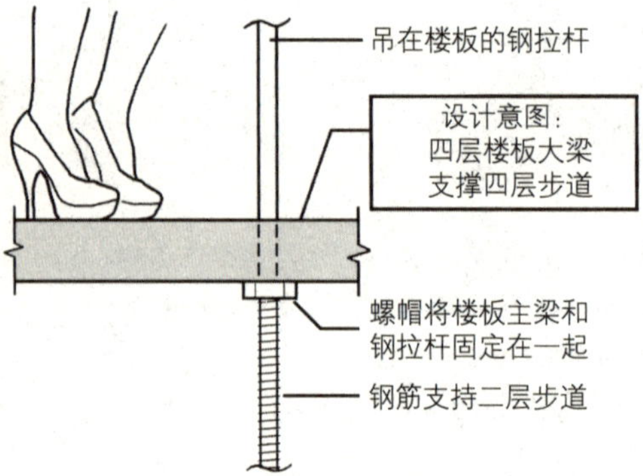
吊在楼板的钢拉杆
设计意图：
四层楼板大梁
支撑四层步道
螺帽将楼板主梁和
钢拉杆固定在一起
钢筋支持二层步道

设计方案

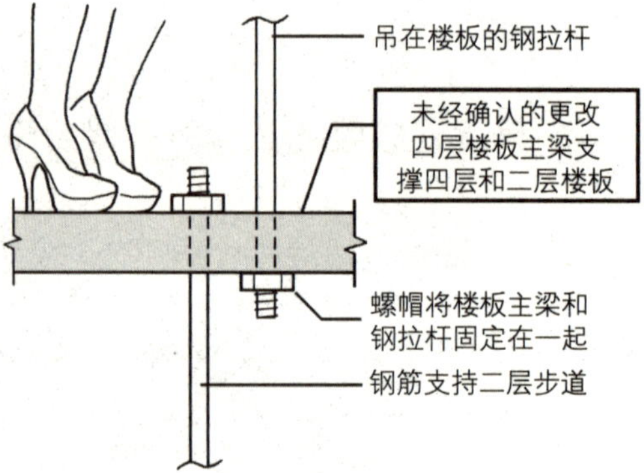
吊在楼板的钢拉杆
未经确认的更改
四层楼板主梁支
撑四层和二层楼板
螺帽将楼板主梁和
钢拉杆固定在一起
钢筋支持二层步道

施工方案

堪萨斯市凯悦酒店步道坍塌。

1981年7月17日，美国密苏里州堪萨斯市凯悦酒店中庭的两条步道在舞会时垮塌，造成114人死亡，200余人受伤。

这两条步道位于中庭的二层和四层，由钢拉杆从房顶悬拉。工程师的设计意图是钢拉杆是连续的，上层的步道由螺帽固定，拉杆延伸至下层的步道。

施工期间，拉杆制造商意识到要安装长度相当于四层楼高的螺纹拉杆，同时将两层楼的螺帽旋转到位难度很大，于是提出了使用两套长度稍短拉杆的方案，一套拉杆将四层的步道固定在楼顶，另一套拉杆将二层步道和四层步道连接起来。工程师批准了这项设计变更，但没有进行结构分析。

通过对事故发生后的原因分析发现，设计更改将四层步道主梁的荷载增加了一倍。此外，工程师指定的梁并不是独立的结构，而是由两个平行的梁焊接在一起。在满载的情况下，四层主梁的焊缝迅速出现问题，导致四层步道坍塌叠到二层步道上。

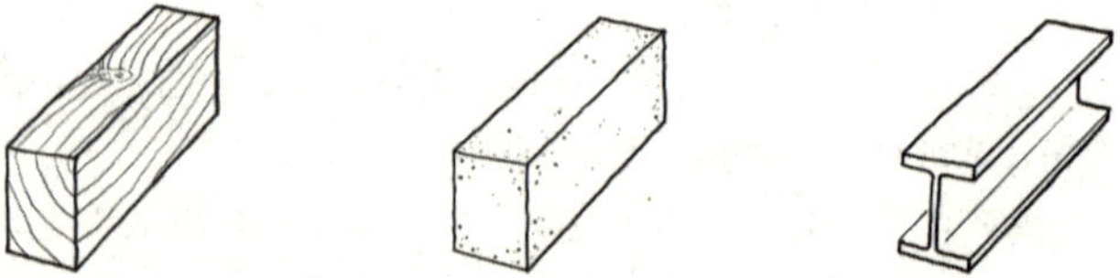

	花旗松（黄杉）	混凝土	A36钢（Q235）
实验室试验确定的最大强度	7430磅/平方英尺（受压强度）	4000磅/平方英尺（受压强度）	50000磅/平方英尺（受拉强度）
计算中使用的设计强度	1350磅/平方英尺	3000磅/平方英尺	36000磅/平方英尺
安全系数	**5.5**	**1.3**	**1.4**

工程师同时系腰带和背带（希冀安全系数很高）。

有多种方式在结构系统中设定安全系数。所有材料的结构特性都是在实验室中测定的，例如在荷载作用下的延展性和压缩性，以及在完全破坏前可以承受的最大荷载。由此得到较低的**设计强度**（工程师在结构计算中使用的假定强度）以防止施工中所用材料性质变异。

预制材料，例如混凝土和钢筋，相对来说性能一致，不同地方出产的材料性质相差不大。而木材可能因结节的数量特别多，或者取材于病树，或者对干燥处理反应不正常，而导致木材的设计强度比实验室测试确定的强度低不少。

工程师通常将静荷载和活荷载多估一些，而计算时保守地“四舍五入”，同时选择比计算值更大的元件尺寸，从而增加了额外的安全富余量。

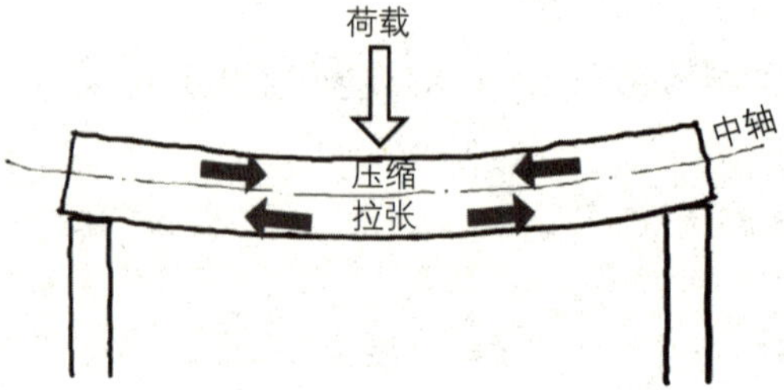
荷载
中轴
压缩
拉张

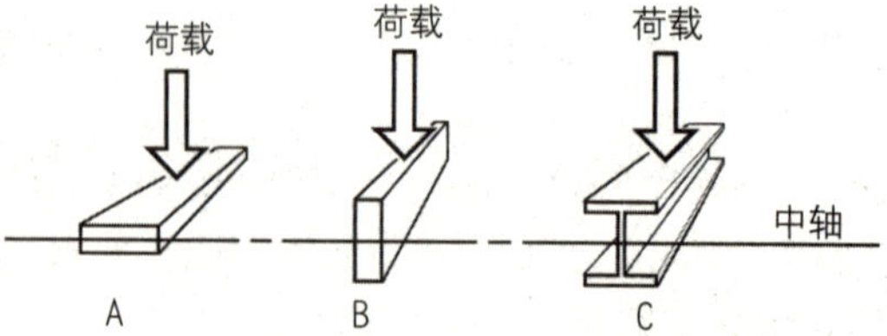
荷载
荷载
荷载
中轴
A
B
C

最好的梁是工字钢

当梁在荷载作用下弯曲时，上部受压变短，底部受拉变长。梁的最大压力和最大张力分别出现在梁的顶端和底端，压力和张力向截面中点降低，在中线上应力为零。

与其水平方向受力（如图A所示）时相比，截面为矩形的梁在垂直方向（如图B所示）受力时效率更高，原因是更多的材料位于远离中轴线、受压力更大的区域，使得大多数材料承受压力。基于相同的原因，工字钢（如图C所示）的效率最高。

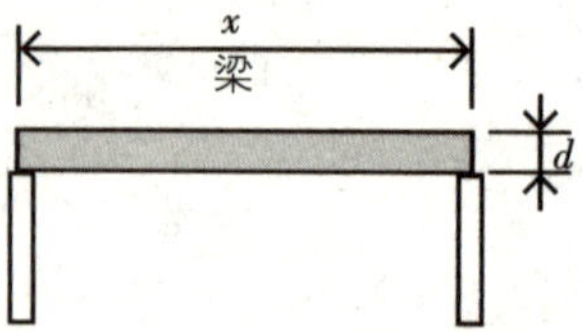

简支梁的厚度为d

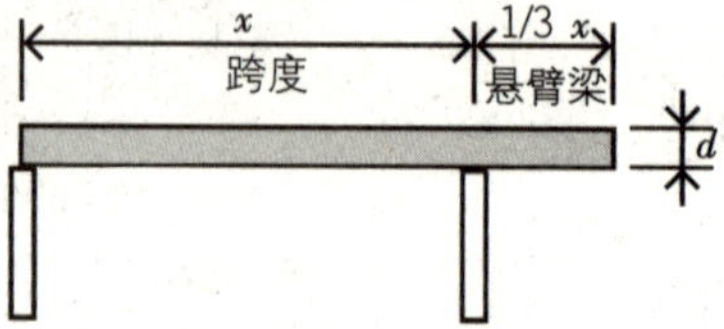

绝大多数梁可以延伸一小段成为悬臂梁，而无需增加厚度。

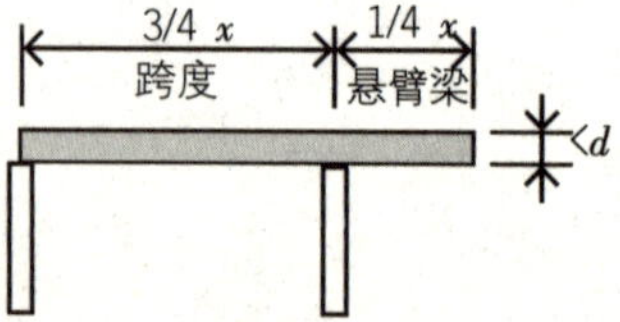

长度一定的梁可以通过降低梁的厚度或者调整支点来调整跨度和悬臂梁的长度。

更好地利用梁。

梁的跨度与其耗材量之比是度量梁效率的一种方式，通常尽量使用较小的材料量。

使用悬臂梁。将梁延伸至其支点外，有助于增加跨度，以较少的梁承担相同的工作。大多数梁都能延伸出长度为跨长1/3的悬臂梁，但厚度不用增加。

将集中荷载变成均布负载。如果同一荷载是分散作用在梁的多个地方而不是一点，梁可以更好地抵御荷载。将一个位于跨度中部的点荷载移到一端支点也会帮助梁更好地抵御荷载。所以，建筑物中来自较高位置的荷载有时候可以这种方式重新分布，从而减少下部梁的尺寸。

使用桁架。尽管承受同样的荷载，桁架比梁的尺寸要大，但桁架使用的材料却较少。

在梁中打孔。在很多受力条件下，可以在工字钢梁中打孔，这不仅减轻材料重量，也能让管道和线缆通过。

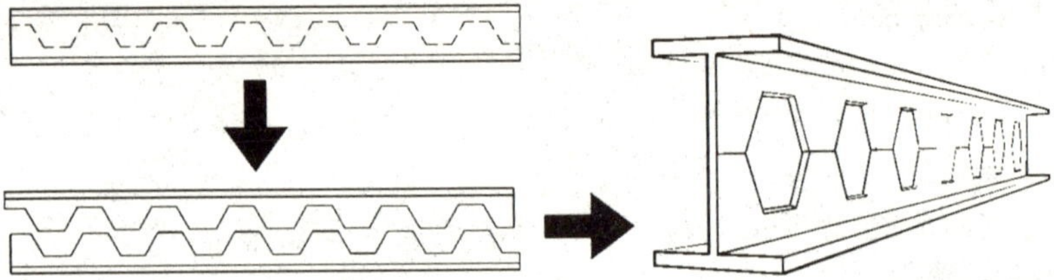

蝶形梁

发明是人脑和材料的混合物。人脑使用得越多，则材料就使用得越少。

—— 查尔斯·凯特灵

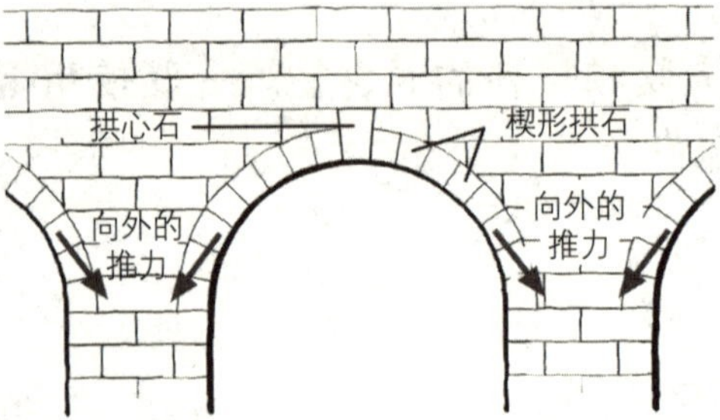
拱心石
楔形拱石
向外的
推力
向外的
推力

石拱受力越大越坚固。

重力常常是结构的敌人，因为它将构造物拉向地面。但石拱的工作原理却是重力。重力让每块石块与其相邻的石块紧密贴合，并将荷载传递到下方相邻的石块。石拱所受的荷载越大，至少在达到材料的受压强度前，石块的黏合性更强。因此，石拱桥在荷载较小时反而容易不稳定。或者不能说不稳定，当石材不那么多时，桥看起来不那么稳定。

一个拱结构在其基础处，除了受到重力外，还产生了向外的推力。这种推力必须由巨大的实体来抵抗，例如桥拱的混凝土或者土挡墙，甚至还有大教堂突出的扶壁支撑。对于石墙中的普通门窗而言，除非开口非常靠近边缘或者角落，其相邻的墙体往往能抵御向外的推力。当有一系列拱结构时，相邻拱所受的向外的推力可以互相抵消。

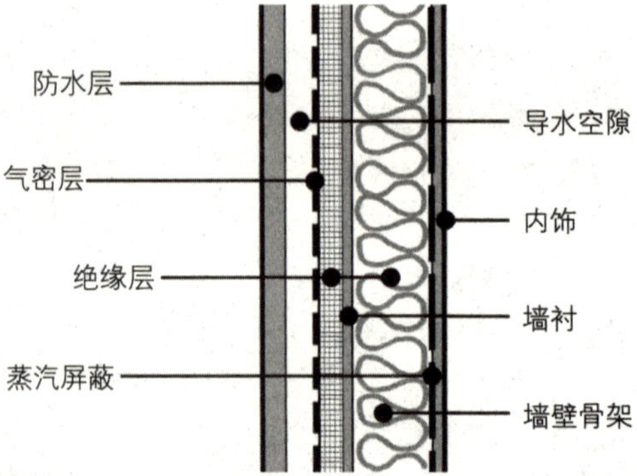

住宅墙壁

墙壁的四个时代

大体积时期：从早期文明到19世纪晚期或20世纪初期，很厚的石墙、砖墙、木墙和混凝土墙是抵御冷热、风吹、地震和外来侵入者的主要防御物，也是建筑的主要承重结构。

薄墙时代：钢铁和混凝土结构体系在19世纪末一出现，伴随着建筑设计和施工的逐步专业化，外墙便不再主要作为承重结构，其存在主要是为了封闭内部空间。

隔离墙时代：玻璃纤维在1938年问世，4英寸厚的玻璃纤维墙的隔热、隔冷能力同2英尺厚的砖墙相似。但人们也发现，当建筑物有了太多的隔断，虽然能更好地阻断外部冷热，但建筑物反而太压抑，空气质量也有问题。

专业墙体时代：当代艺术建筑的墙体由四层组成，防水层是抵御降水和地下水的薄层或薄膜，气密层是尽量降低空气渗透的薄膜层，隔离层是从热力学上隔绝内外层的薄膜，以及蒸汽屏蔽阻止内部潮湿空气进入墙体或天花板空隙。理想状态下，每层材料都把建筑物完整包裹起来。

第一部建筑法典

如果建造者为业主修建了一座房屋，但质量并不好，房屋垮塌砸死了业主，那么建造商应当被判死刑；如果业主的儿子被砸死了，那么建造商的儿子要偿命；如果因此业主的奴隶死了，那么建造商要补偿业主奴隶；因此如果损坏了业主的财物，建造商要赔偿业主的损失，并自费修补好房屋。即使房屋尚未建成，如果房屋看上去要倾覆，建造商也应当自己出资让墙壁坚固。

—— 汉谟拉比法典

由巴比伦国王汉谟拉比颁布（前1792—前1750）

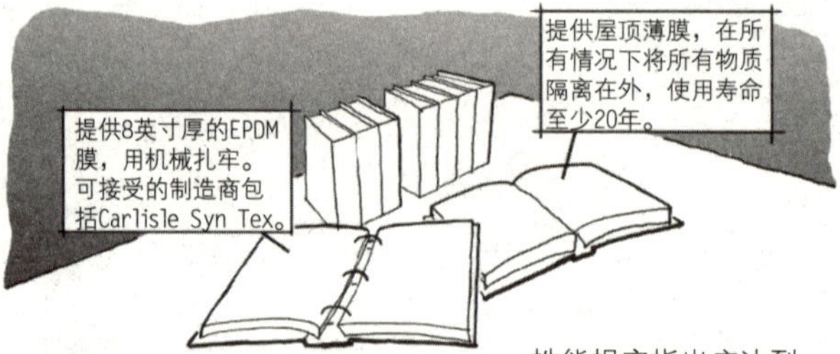

描述性规定给出了将要使用的产品或系统的详细特征，例如材料、尺寸和安装方法。

性能规定指出应达到的性能，包括强度、容量、稳定性，但不规定承包商应如何达到此性能。

图纸仅能解释一些东西。

图纸无论多么详尽，仅仅描述了将要生产或建造的物品的一部分。而由工程师编制的独立的、综合的说明文件则提供了如下方面的细节：

什么： 如混凝土和钢筋的强度，可接受的扣件种类，接线工具等。

谁： 分包商的资质及可接受的元件制造商等。

时间： 横道图、工序和工作检查的程序等。

地点： 进行某些施工的场所等。

方法： 材料的处理及最后修整的方法等。

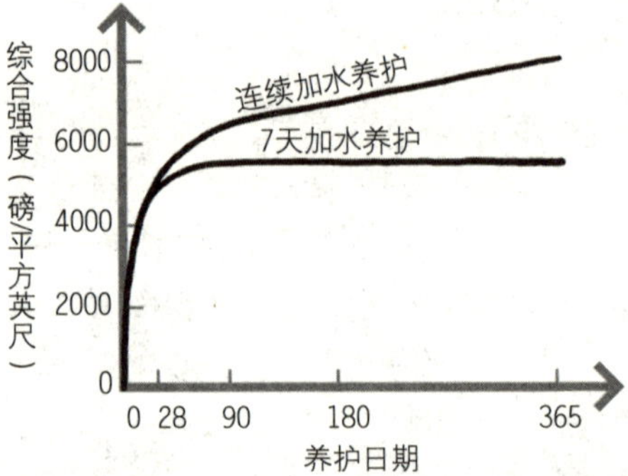

综合强度（磅/平方英尺）
8000
6000
4000
2000
0
连续加水养护
7天加水养护
0
28
90
180
365
养护日期

混凝土不会干，只会硬化。

由于水泥和水的化学反应，混凝土的强度提高。混凝土浇筑后，若保持一定时间的湿润，延长化学反应的时间，可以增强混凝土的强度，从而避免其外部过早干燥，减少裂缝的产生。混凝土施工的设计计算通常都基于28天养护的预期强度，但大体积混凝土的最大强度可能历经数十年都达不到。

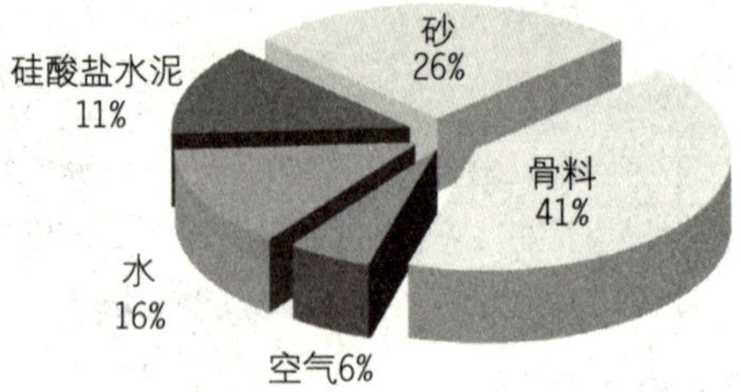

典型混凝土的配合比

混凝土和水泥是不同的东西。

水泥是混凝土中会硬化的成分，通常是由石灰岩制成的。将水泥与砂、骨料（石头或碎石）、空气和水混合来拌制混凝土。化学物质也可以加入混凝土中，用来加速或减慢其硬化，增加或减少其重量，甚至强化其对环境的抵抗能力。

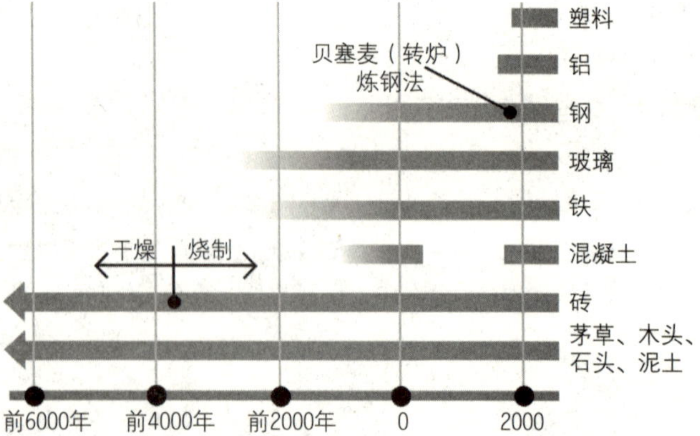
塑料
贝塞麦（转炉）
炼钢法
铝
钢
玻璃
铁
干燥
烧制
混凝土
砖
茅草、木头、
石头、泥土
前6000年
前4000年
前2000年
0
2000

混凝土和钢古已有之，而不是现代材料。

很多年前人们就知道，在铁里加少量的碳会让金属强度更高，但大规模的钢铁生产直到贝塞麦（转炉）炼钢法在19世纪50年代出现时才变成现实。实际上，混凝土在罗马帝国时期就开始使用了，但罗马帝国灭亡后该技术便失传了，直到18~19世纪才又被人们重新使用。

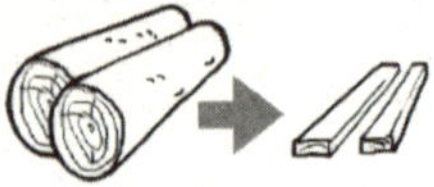

分离

通过移除多余部分，
确定材料尺寸和形状。

铸造/成型

将液态的材料
置于模具以凝固。

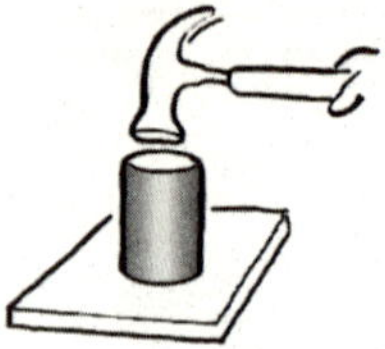

冲压（锻打）

材料通过金属成型。

调整

通过加热、加压和化学
方法，改变金属的性能。

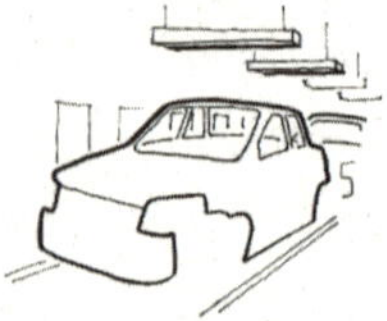

组装

例如在组装线上或服
装厂里进行元件组装。

尾工

通过回火、覆膜、装饰
等方法，对表面进行保
护处理或美化处理。

二次处理

制造的三个阶段

材料提炼：探明和开采原材料，例如树木、植物、原油和矿产等。

一次处理：提炼的材料被制成标准形式供工业行业使用。石灰石、砂岩和页岩经烘干碾为粉末用于制作水泥；金属铝从铝矿石中被提取出来，经过处理铸成铝块；棉花被清洁、去籽，压制成捆；谷物被磨成面粉。

二次处理：主要的工业材料被制成成品，供消费者使用。

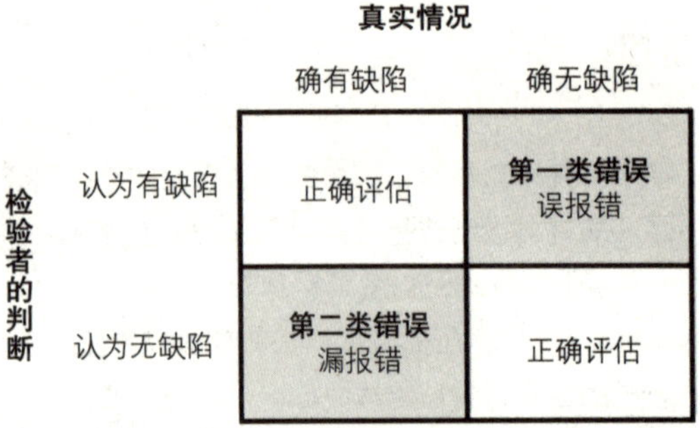
真实情况
确有缺陷
确无缺陷
检验者的判断
认为有缺陷
正确评估
第一类错误
误报错
认为无缺陷
第二类错误
漏报错
正确评估

过多和过少的检验都会带来更多的错误。

检验有时候会拒绝好的东西或不能检出有缺陷的东西。**“误报错”**除了发生更换该物品的成本外，后果不严重。但**“漏报错”**会有严重的后果，因为其在投入使用后可能出故障。

但数量更多的检验不意味着就是解决方案。从统计学角度来说，增加无限数量的检验次数会让每个物品都因某种原因被证明有问题。最优的检验水平能在更换“误报错”物品的经济成本与不能发现真正问题的后果成本中找到平衡。

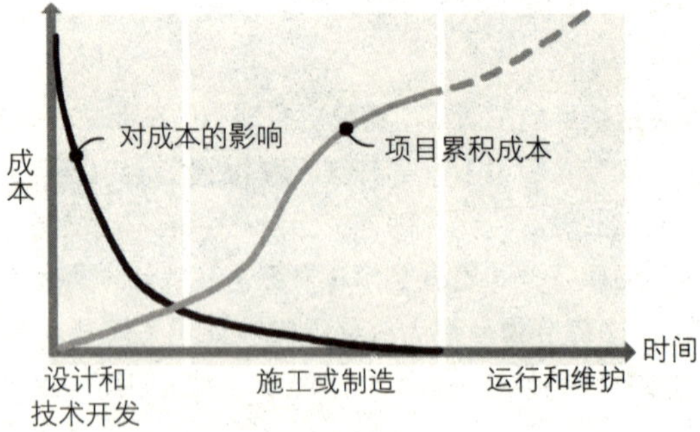
对成本的影响
项目累积成本
成本
时间
设计和
技术开发
施工或制造
运行和维护

初期决策影响最大。

在项目最初的几天或几周做出的决策，例如对最终用户需求的假定、对工期的承诺、建筑物基础的尺寸和形状，等等，都会对设计、可行性和成本产生巨大的影响。随着在设计过程中不断做出的新决策，它们的影响将越来越小。较小的成本节省可以通过在后期设计阶段的价值工程来实现，但最大的成本因素取决于开始时的项目特性。

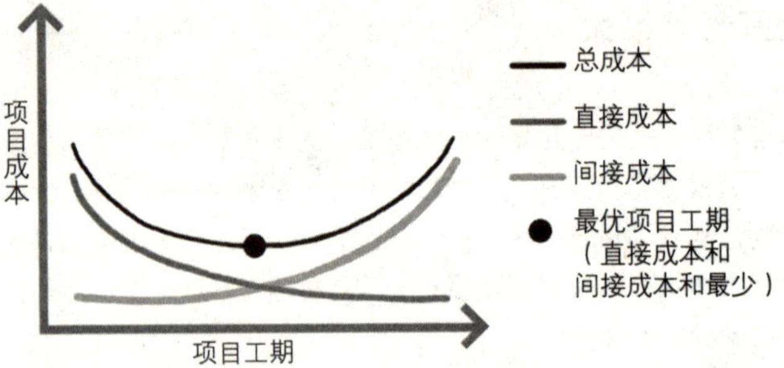
项目成本
项目工期
总成本
直接成本
间接成本
最优项目工期
（直接成本和
间接成本和最少）

工作速度更快不意味着省钱。

当生产计划加速时，成本节约可通过节省间接费用实现，例如经常性费用、设备租赁费用、保险、监理费用、水电费等。但直接费用（通常为劳动力、材料和设备的费用）将保持不变，因为不管工期如何，都必须执行相同的工作量。

然而事实上，工作速度加快会带来更多的混乱、错误、不合格质量及加班费用，最终导致成本上升。工作时间变长，增加了总成本，尤其是间接成本。最优的项目工期将间接费用和直接费用之和降到最低。

有时候，为了加快生产，稍微增加费用是可接受的。在利润率很高的房地产行业，开发商希望项目尽快上市招商，可能会加快工作进度，在设计完成前开工。成本上升的原因包括上述原因，也包括因此导致基础和其他结构花费更多的成本，这是为了尚未完成可能出现的最坏结果所做的设计考虑。

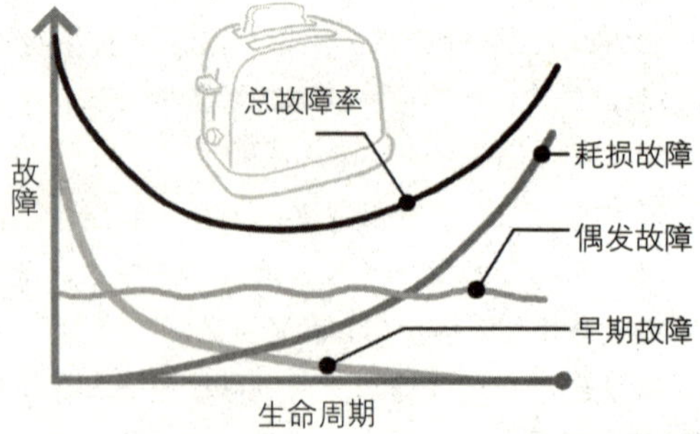

描述产品可靠性常用的“澡盆曲线”

完全可靠不可求。

可靠性是用来衡量一个产品或系统可以良好运行的性能。产品或系统的目标可靠性为：1是指完全可靠的目标，而0则代表完全不可靠。桥梁、航天器、起搏器或者类似的关键系统的目标可靠性都为1，因为若是它们出故障会带来生命的损失。相对来说不那么重要的产品，例如一个玩具或一台DVD播放器，设计时的可靠性就不是1，因为出故障并没有导致严重后果，达到完美的可靠性还会增加成本。但令人吃惊的是，一些航天器元件的目标可靠性并没有达到1，理由是要降低航天器的重量。这种风险可通过定期更换元件和频繁检查找到裂隙和其他潜在的故障来避免。

在某种产品或系统的生命周期内，故障常因各种原因出现，在长期使用的过程中，普通磨损是主要原因。

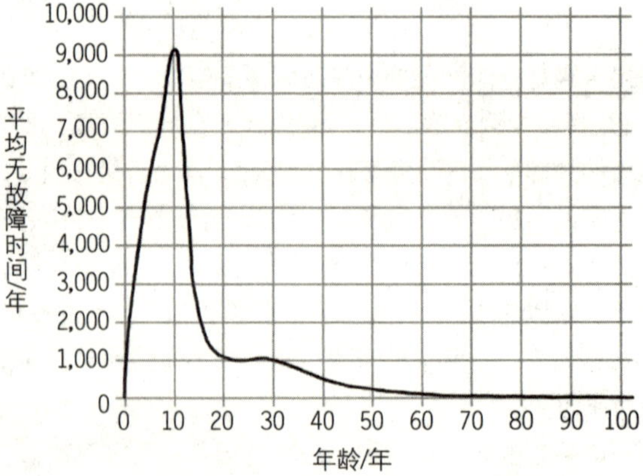
平均无故障时间/年
10,000
9,000
8,000
7,000
6,000
5,000
4,000
3,000
2,000
1,000
0
0 10 20 30 40 50 60 70 80 90 100
年龄/年

人的无故障时间是1000年。

平均无故障时间是某个设备或系统预期故障率的倒数。一个年龄为25岁的人，他的平均无故障时间大约是1000年，因为此年龄的人每年的死亡率是1/1000。虽然随着人们衰老并接近寿命，人们的平均无故障时间就降低了，但我们可以看出在寿命和故障率之间并无直接的联系。因为故障的后果太严重，火箭的设计平均无故障时间是数百万小时。然而实际上，火箭仅仅需要持续无故障几分钟，比如在点火起飞及飞向太空的时候。

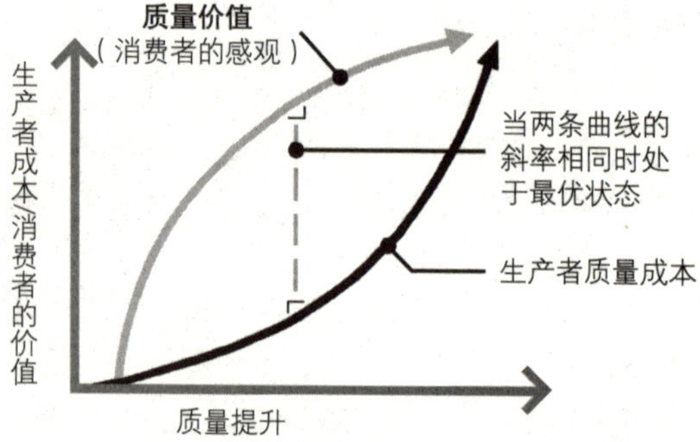

质量—成本曲线

很少有客户会为完美产品的设计掏钱。

与高质量产品的质量提升相比，客户更愿意为低质量产品的质量提升付钱。低质量产品质量提升10%会提升用户对其价值的感受，也就是其质量价值的10%有余。但随着质量持续改进，质量价值提升的速度减慢。如果质量提升10%花费10美元，那么质量提升20%的花费会超过20美元。最终，质量提升的费用会超过质量提升被感知的速度。

理论上，最优的质量成本状态是价值和成本曲线的斜率相同。在这个点上，提升产品质量的速度和成本提升的速度是一样的。过了这个点，制造商花费的成本提升产品质量一个单位，而消费者无法感受到如此幅度的质量提升。

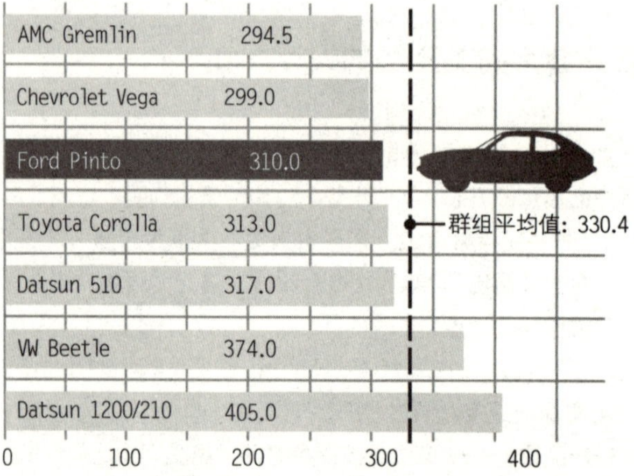

每百万辆车每年乘车人死亡率，1975~1976年

福特“斑马”并非不安全。

随着20世纪60年代外国小型汽车进入美国，福特加快速度开发了斑马（Pinto）车型。发布后不久，该车即因后端撞击起火受到猛烈抨击。原因是油箱设计有缺陷。靠近油箱处有突出的螺栓，据说有超过500人因此设计缺陷而丧生。

在一桩因此导致意外死亡的诉讼案中，一份福特公司的内部报告露出水面。该报告说有一项并未执行的对油罐的改进方案，仅需在每辆车上花费11美元。福特认为，一条人命值20万美元，支付死亡和受伤赔偿的费用比改进1250万辆车要便宜多了。那个时候的法律标准可能会免除福特的责任，因为当改进的费用超过收益时，法庭不会认为这是被告的过失。但陪审团认为福特有罪，判决其赔偿300万美元，并罚款1.25亿美元（后来罚金降低到350万美元）。

此后的一项研究表明，那项未被执行、每辆车仅花费11美元的改进方案，也并不是要解决车尾相撞时油罐的故障问题，而福特公司也并未以20万美元计算一条人命的价值，这个数字其实是由全国高速公路交通安全管理部门定的。并且统计数字还表明，福特“斑马”的综合安全记录在当时处于平均水平。尽管如此，对福特“斑马”危险性的认识，以及对福特公司这种经不起推敲的道德问题的思辨还在继续。

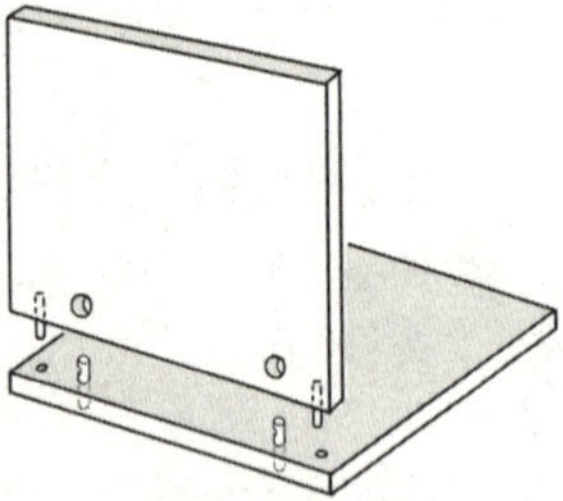

宜家家具使用一套工具来对齐部件，使用另一套工具来将部件组合起来。每套工具都有自己的功用，减少了家庭个人组装时出错的概率。

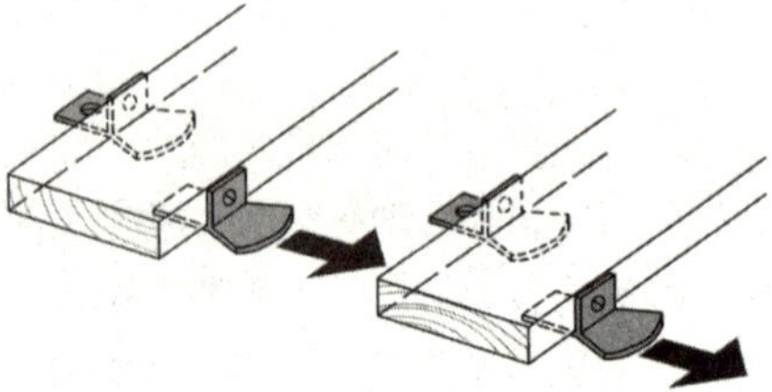

安装板子的隐藏夹子：夹子有两个作用，但一次只能使用一个功能。在板子的一端，它们固定在结构的下部；在另一端，它们卡在一个装好的板子上。但如果提供两种不同的夹子类型，就很容易装错。

注意别让一个元件承担多种功能。

54

让一个元件同时承担多种功能，某种程度上可以省劲、省料、省时间，看起来好像不错。但是，这取决于实施过程中操作者的技巧水平和用心程度。当操作者更老练，使用环境更可控时，可以更依赖多功能元件，但当安装错误可能后果很严重时，最好是让一个元件只承担一种功能。

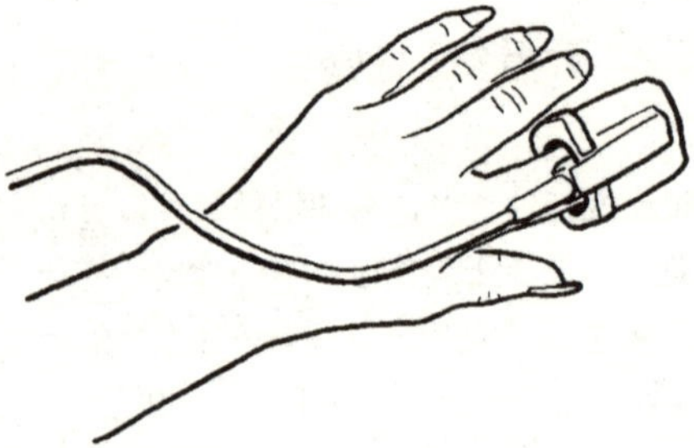

设计一个会失效的元件。

电气系统由保险丝或断路器保护，在电流过大烧毁昂贵元件或隐蔽线路之前，保险丝熔断或断路器跳闸。

在钢结构建筑物中，结构件之间的连接处被设计成在地震时可以变形，以阻止更大的系统发生灾难性的故障。修复连接处的费用可能只是修复整个大楼费用的一部分。

生物医学设备常常连接得比较松，目的是保护病人。脉搏血氧仪用于检测血氧饱和度，它用柔软且松动的方式与病人的手指相连，防止人被电缆绊倒受伤。

将抓龙虾的陷阱固定在一起的夹子，专门设计成渔季结束就会烂掉。当陷阱丢失或被遗弃时，夹子会先于网坏掉，残留物对船只的影响比成捆的箱子小得多。

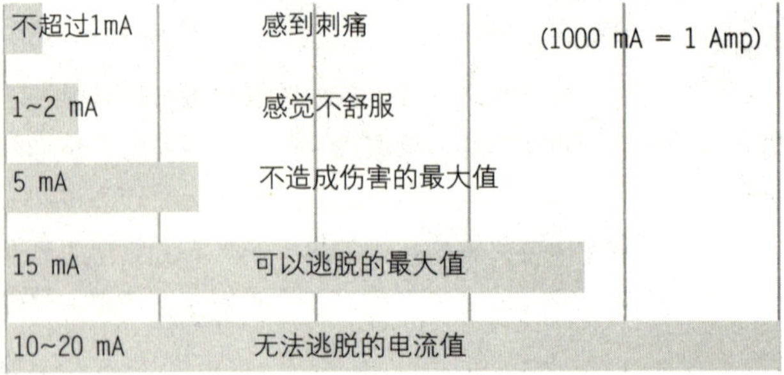
不超过1mA
感到刺痛
(1000 mA = 1 Amp)
1~2 mA
感觉不舒服
5 mA
不造成伤害的最大值
15 mA
可以逃脱的最大值
10~20 mA
无法逃脱的电流值

电击值

把一只手放在你的口袋里。

如果你的一只手接触正在放电的电气设备，只要另外一只手接触任何物体，那么这些电荷会要寻找一条通往大地的路径，即从一只手到另一只手，就会通过你的心脏。但如果一只手放在你的口袋里虽然不能保证你不被电流击中，但会让电流走一条不那么危险的通道，即通过你的手、胳膊和最近离地最近的腿。

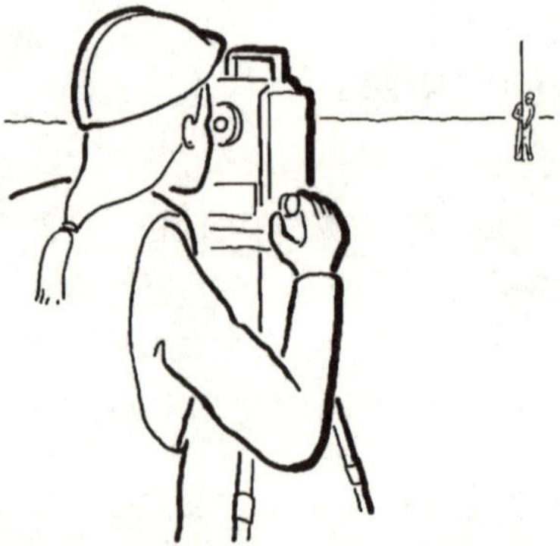

保持三脚架一条腿静止。

为将测量仪器三脚架放水平，将其放置在拟放置位置，并置于大致的高度。反复调节三条腿中的两条，直到目镜照准目标。

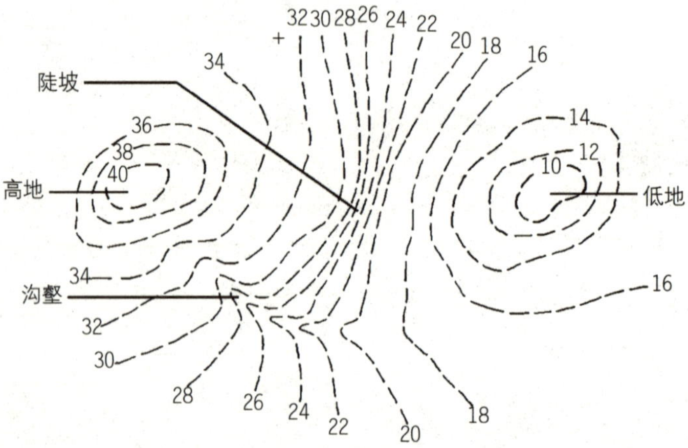
陡坡
高地
沟壑
低地
32
30
28
26
24
22
20
18
16
34
36
38
40
14
12
10
34
32
30
28
26
24
22
20
18
16

如何看懂地形图。

地形图通过一系列的等高线来反映地形。每根线表示一个高程，高程是比海平面或参考点高出的测量高度。在看地形图时，下列一些关键点会对你有所帮助：

- 坡的方向总是与等高线垂直。雨水向低处蜿蜒流动，方向与等高线垂直。
- 等高线密度大的地方，地形就陡；等高线稀疏的地方，地形就平缓。
- 如果一个湖泊会蓄水到一定高程，则湖泊的轮廓会与等高线重合。
- 如果从沟壑处看山脊有困难，那就将自身置身于山脊或沟壑的边缘，想象自己正在穿越它。每走一步，确认自己在地图上的高程，以决定向上或向下。

现有地形

拟建地形

开挖和回填平衡。

设计现场时要考虑开挖和回填的平衡，减少土壤的移动和边坡处理，将土壤进、出施工现场的花费最小化。

59

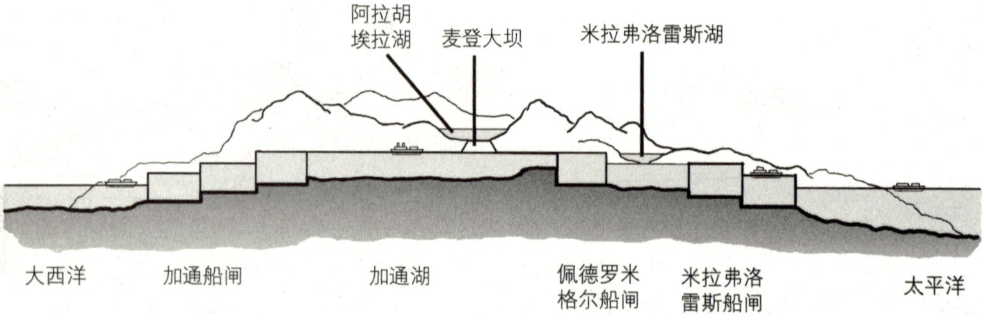

巴拿马运河截面示意图（东北视角）

按自然的命令工作。

巴拿马运河船闸运行不采用任何水泵。重力将数以百万加仑计的水运送到船闸，在这里船只被抬升或降低85英尺，以在太平洋和大西洋间穿行。只要将湖灌满，船闸就能持续工作。

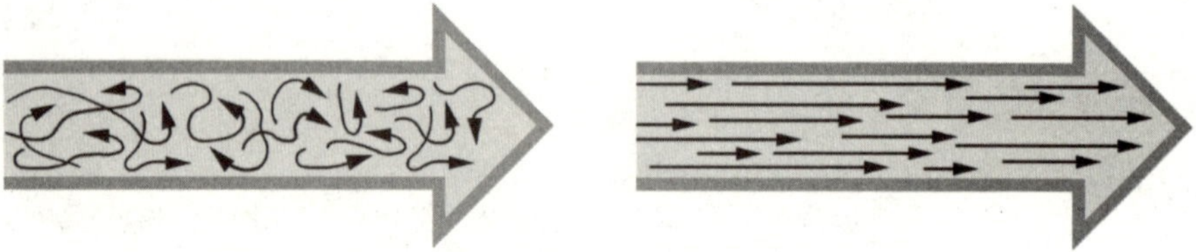

湍流

颗粒的路径是不规则的，常在水道较宽、流速较大时出现。

稳流

颗粒的路径是直线的，常在水道较窄、流速较慢时出现。

流体运动的两种形态

空气是一种流体。

流体是指任何对外部压力容易屈服，并以其容器为形状的无定型物，包括所有气体和液体。

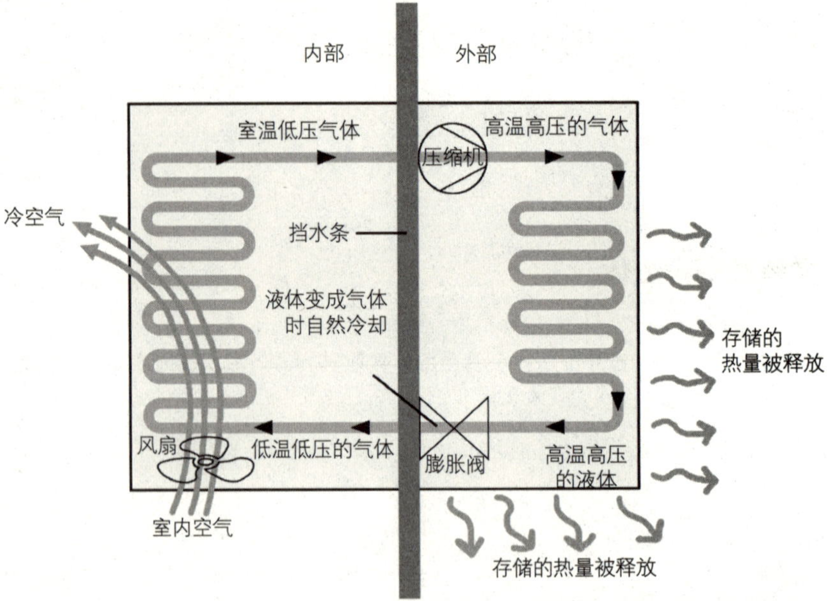
内部
外部
室温低压气体
高温高压的气体
压缩机
冷空气
挡水条
液体变成气体
时自然冷却
存储的
热量被释放
风扇
低温低压的气体
膨胀阀
高温高压
的液体
室内空气
存储的热量被释放

空调原理图

“热”不能被消灭，“冷”不能被创造。

空调并不制造“冷”，只是把热量从建筑物内部转移到外部。它利用的自然原理是：物质从液态变成固态时吸收热量，而从气态变成液态时释放热量。中央空调系统、窗式空调和冰箱的工作原理相同，只是规模不同。热（力）泵从原理上讲是反方向工作的空调，它将热量从外部带入建筑物内部。

传导

通过物体直接接触转移热量。

对流

通过流体（液体或气体）的运动转移热量。

辐射

热量在空间中转移。

散热片不仅仅在辐射热量。

热是材料内部分子的运动，其运动的速率越大，热量越多。热量由如下方式转移：

传导：当温度不同的两个物体接触时，或者一个物体的两部分温度不同时，温度较高区域的分子推动温度较低区域的分子，直到所有分子以相同速度运动。

对流：在气体或液体中，温度较高材料中的分子自然地溢出，并在温度较低材料中移动，将温度释放出来。散热器以对流和辐射的方式让房间升温。

辐射：是电磁波在空间中的运动，例如来自太阳的光波。这些电磁波为与其接触的分子提供能量，提高其活跃程度，并将电磁能量转化成热能。所有的物质都可以释放热辐射，但多数都不能被人们感觉到。

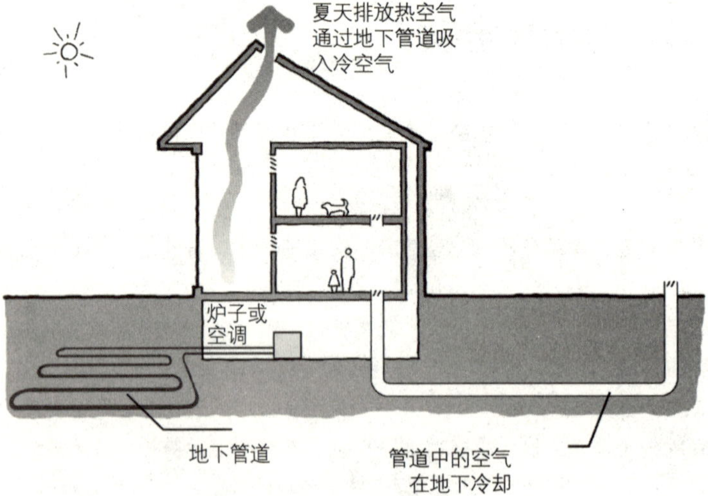

装有地源热泵设施的房间

最可靠的热源和冷源是地球。

地表下方几英尺处的温度比空气温度更柔和，夏天更凉爽，冬天更暖和。同样的原理，空调将室内的热量转移到室外，或者热泵将热量从室外转移到室内。热量可以在土壤和室内空间转移。在地下管道中流动的热水或者冷水，回到室内时的温度是土壤的温度或接近土壤的温度。

1.来自冬日暖阳的辐射能量照射到墙上，成为热能。
2.热能穿过墙体。
玻璃
实心砌体墙或混凝土墙
3.夜晚，来自墙体的热能调节房间内的温度。
如果墙体太薄，很快就能达到其吸热能力极限，热能会过早传导到室内。

储热墙

可利用的太阳能是我们能源需求的50000倍。

在太阳完全照射的一小时中，每平方英尺地面接收到的能量不小于100瓦特。美国大部分区域每天的光照相当于4小时阳光完全照射，可转化为每年1.5×10^{21}千瓦时的能量，数倍于美国年耗电量（28×10^{12}千瓦时）。

然而，太阳能收集装置目前仅收集到太阳能的15%~20%，不会超过33%这个理论最大值。并且由于理论上可用于太阳能收集装置的土地所占比例很小，通过太阳能满足所有能源要求非常困难。以目前的水平，美国需要连续的、相当于整个印第安纳州面积的土地来布置太阳能装置。如果全世界人均利用太阳能的水平达到美国的水平，那么几乎需要委内瑞拉国土面积那么大的土地。

抵销不具渗透性的硬化地面

降低水土流失

降低暴风雨时下水道的负荷

保护野生动物

减轻发展带来的审美破坏

蓄水池的好处

环境工程模式的转变。

责任属于相关利益者，而不属于股东。每种生物和自然环境的每部分都是工程的相关利益者。

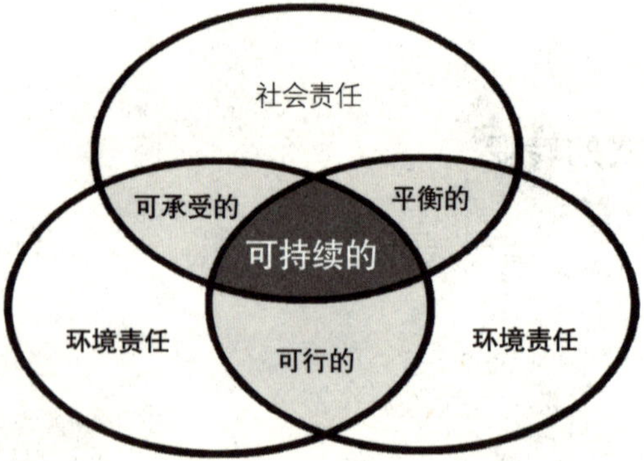
社会责任
可承受的
平衡的
可持续的
环境责任
可行的
环境责任

环境工程师的十诫

1.识别和促进资源的可持续使用，保持社会、经济和环境责任的平衡。

2.提供安全、口味适宜的饮用水。

3.收集、处理和负责任地排放废水。

4.收集、处理和负责任地排放人类垃圾，防止疾病、火灾和审美的破坏。

5.收集、处理和负责任地排放有害材料，防止对人类、植物和动物的威胁。

6.控制和治理空气污染物，减少酸雨、臭氧污染以及全球变暖。

7.设计生物反应堆，从有机废物中制造生物燃料和电力。

8.设计物理的、化学的和生物的工艺清洁被污染的场地。

9.支持和加强污染物排放的法律规定。

10.研究化学污染物在空气、水和土壤中的降解和运输。

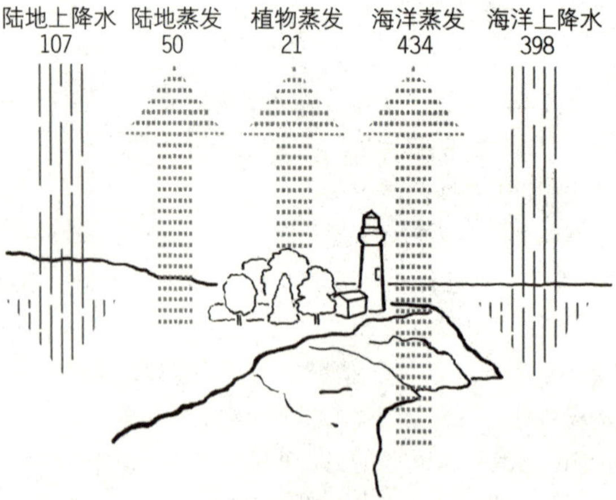

全球每1000立方千米水运动的大致情况

水量是守恒的。

水在地球表面、地下和空间的运动是连续的。虽然单个水分子运动可能缓慢，也可能迅速，但水量总体保持守恒。

储水的位置	平均停留时间
大气	9日
土壤	1~2个月
季节性雪覆盖	2~6个月
河流	2~6个月
冰川	20~100年
湖泊	50~100年
浅层地下水	100~200年
深层地下水	一万年
两极冰带	一万年到一百万年

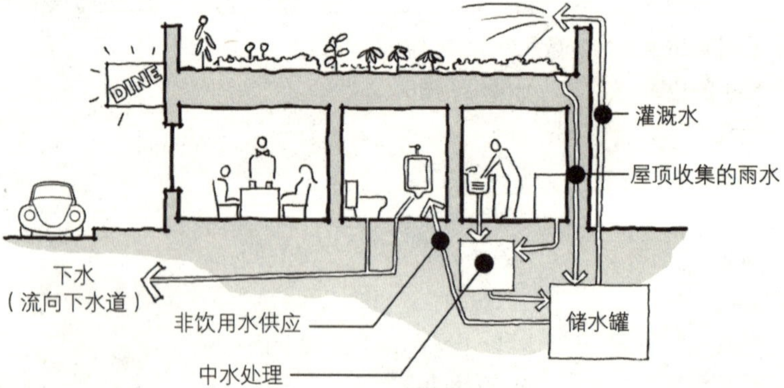

中水循环

水循环

下水：与排泄物接触过。未经彻底处理，尤其是市政净化系统处理前，不适合饮用。

中水：来自洗澡、烹饪、洗涤和普通清洁的水，未与排泄物接触过。虽然饮用中水不安全，但其经过一些处理后适合冲洁厕所，有时可用于植物灌溉。

上水：来自自然渠道的可饮用水，例如泉水或经市政或类似净化处理过的。

雨水：来自物体表面如屋顶的水，含有一些来自鸟类的污染物和化学物品，但通常可回收后用于厕所、洗车、蒸发性的冷凝系统、植物灌溉，有时候可供牲畜饮用。

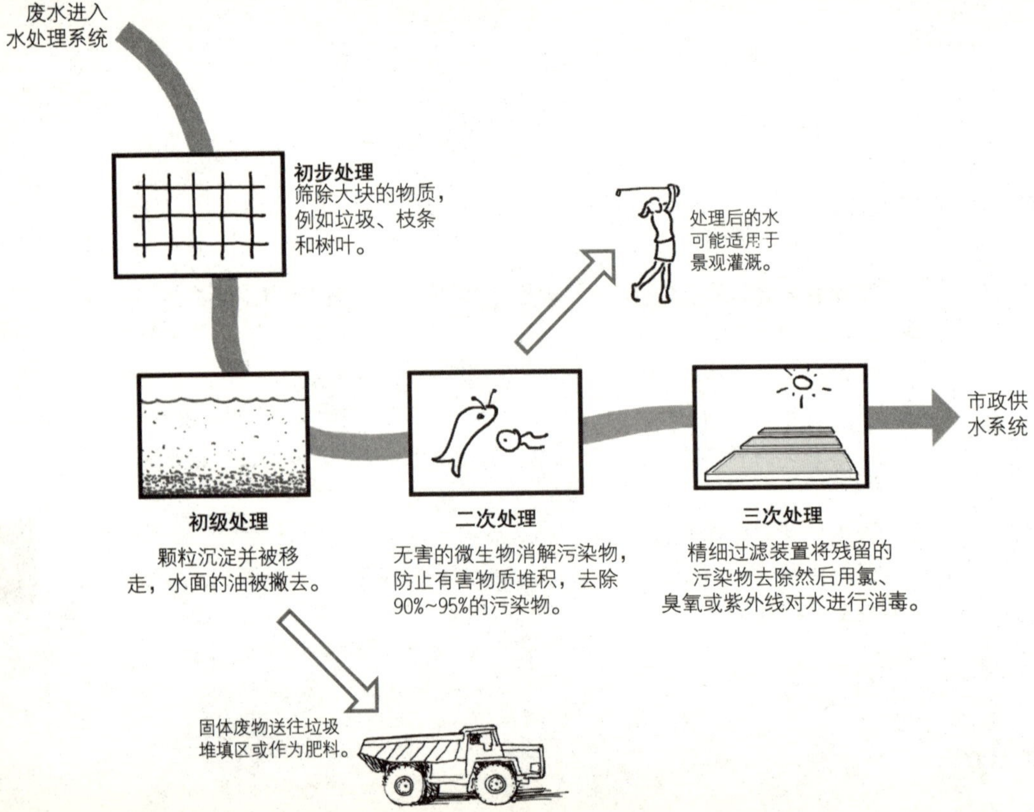
废水进入
水处理系统
初步处理
筛除大块的物质，
例如垃圾、枝条
和树叶。
处理后的水
可能适用于
景观灌溉。
初级处理
颗粒沉淀并被移
走，水面的油被撇去。
二次处理
无害的微生物消解污染物，
防止有害物质堆积，去除
90%~95%的污染物。
三次处理
精细过滤装置将残留的
污染物去除然后用氯、
臭氧或紫外线对水进行消毒。
市政供
水系统
固体废物送往垃圾
堆填区或作为肥料。

废水处理模仿自然。

废水处理系统是对大自然水净化过程的加速模拟。

- 沉淀池模拟湖泊。
- 过滤工艺模拟地下水含水层的沉降作用。
- 气化处理模拟水流动。
- 紫外线处理模拟阳光照射。

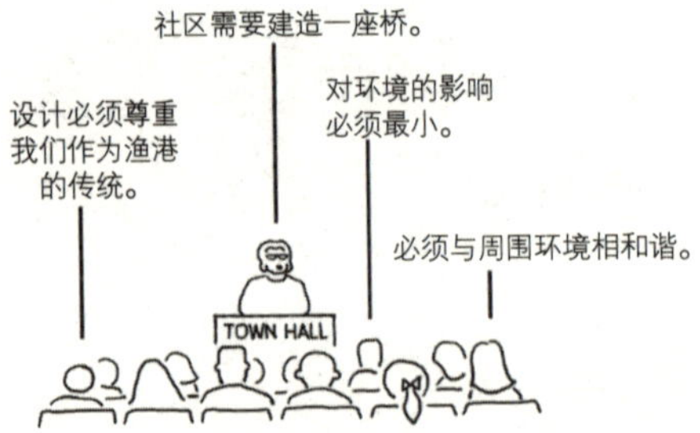

诉求

这就是最终解决方案

别假设解决方案。

当设计师受邀来做设计时，关于诉求的本质、原因和想要的解决方案都有一些假定。一个聪明的设计师开始设计时会追根溯源，调查诉求的根本原因。这个过程揭示的成果，可能与用户预期的解决方案极大不同，但却可以最有效地满足真实需求。

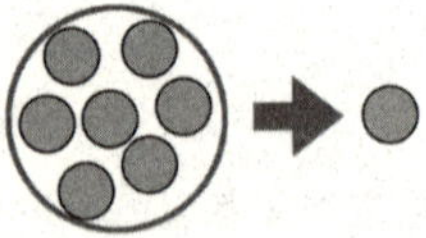

恰当的推论

从更多的普遍事实有
逻辑地得到普通的真理。

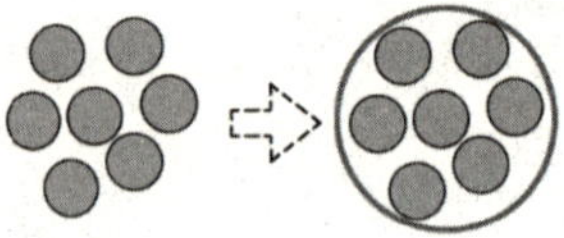

恰当的归纳

多个例子表明但不保证
一个更普遍的事实。

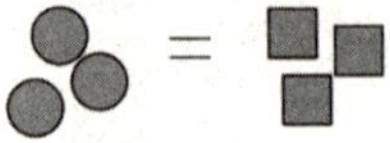

不恰当的归纳

在有限数据基础上的
广泛概括或对一般性
的声明。

系统地思考。

别对一项有效的分析过早地沾沾自喜，应当继续彻底地考虑该问题各种程度与各种阶段的各个方面。然后还是别太早高兴，还有很多工作要做呢。

埃姆斯椅胶合板座椅

“我们观察一个项目，并将其分解成各关键元素，大概有30余个。然后我们有条理地对每一个元素各进行一百项研究。在这一百项研究结束之时，我们试图找到最适合这个元素的解决方案。接下来，我们将这些元素所有的逻辑组合进行分解，而不损害我们从上百项单独元素中获得的最大收益；然后我们寻求这些留下来的逻辑组合以及组合的组合，如此这般……最后，我们真的哭了。这事简单至极，尽管看上去我们可能把事情弄坏了，但最后我们成功了。”

——家具设计师查尔斯·埃姆斯

摘自拉尔夫·凯普兰在《设计》（Design）杂志上的文章

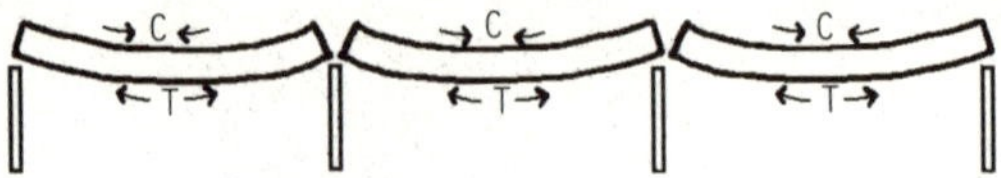

三个单跨梁

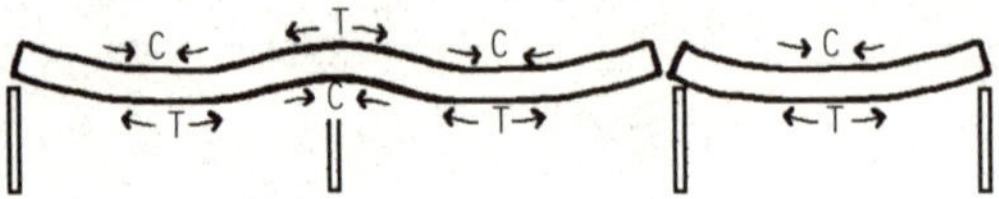

一个双跨梁和一个单跨梁

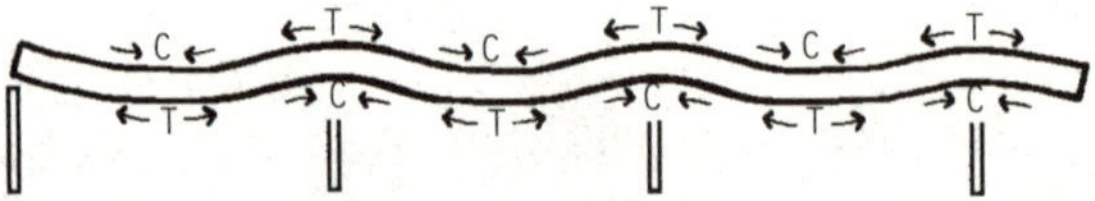

一个带悬臂的三跨梁

三种不同结构的梁展现的拉力和压力特性

系统性思维

一个系统应当被作为一个整体来进行分析，但对整体的研究不是对各细部分析的简单相加。每个细部的特性不是恒定的，取决于与其所在系统的关系。系统的特性取决于很多这种内在的关系，以及该系统与其他系统的关系。

系统性的思维需要使用连续而彻底的思维方式。系统性的思维还意味着要考虑各种系统和关系，也就是系统内部各种关系网，以及系统之间的关系，还有包含这些系统的更大的系统。

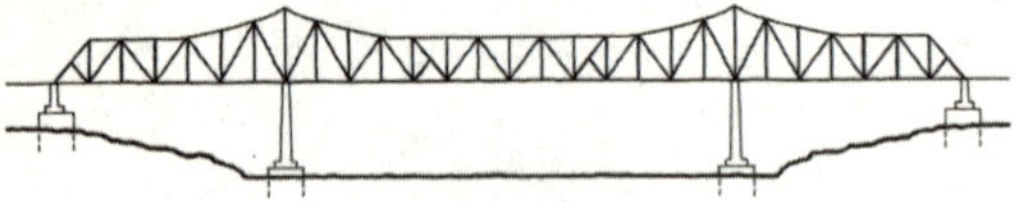

钢桁架桥

200~1800英尺

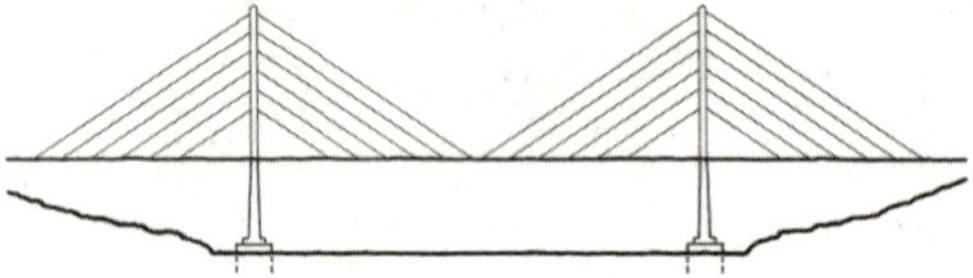

拉索桥

500~3600英尺

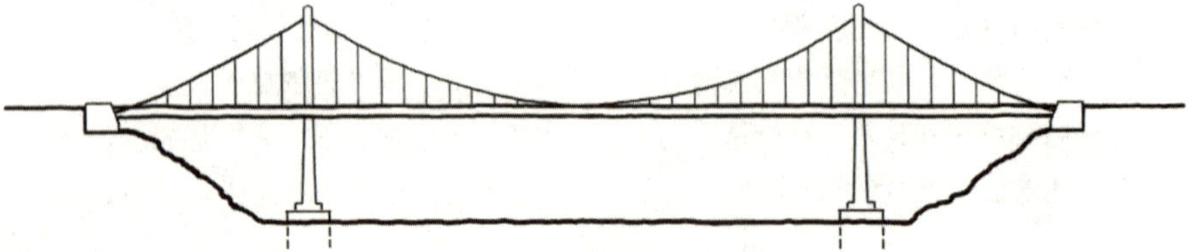

悬索桥

1500~6500英尺

最优选择

成功的系统不一定要适应不同的工作范围。

设想有一个工程师团队要造一匹“超级马”，这匹马大小是普通马的两倍。当工程师们进一步研究后，发现这是个有问题没有用的动物。不光其高度是普通马的两倍，其宽度和长度也是两倍，因此重量是普通马的8倍。但其血管和动脉的截面仅仅是普通马的4倍，心脏的工作量需要加倍。脚的表面积是普通马的4倍，但脚的单位表面积上的承重是普通马的两倍。最终，这只病马是无法造出来的。

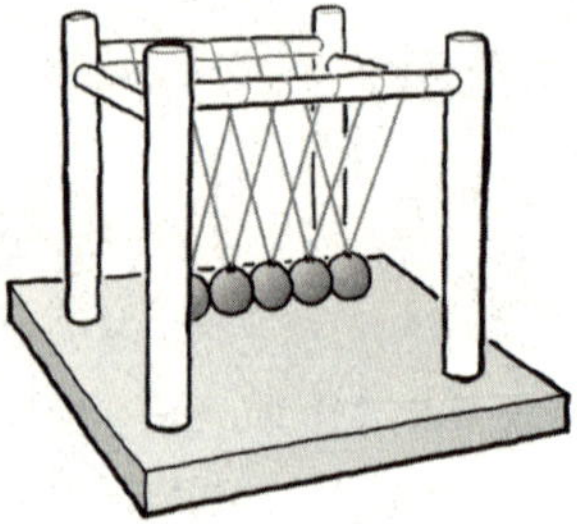

决定性系统

结果可通过已知法则和关系预测

随机/概率系统

结果取决于概率或未知关系

简单系统和复杂的特性都可以预测，但介于两者之间的则不那么好办。

台球桌上由于受力而运动的一个球的特性可以相当精确地测量或预测，而测量或预测两个球的特性就没那么容易了，但这项工作从某种程度上说是可以进行的。当系统中物体的数量增加时，如五个、十个、一百个……追踪或预测所有这些行为就变得极度困难甚至是不可能的。

后来，以一种不同的方式，模型中再次引入了预测。预测一张巨大的台球桌上一百万个台球各自的特性仍然困难，但我们可以预测平均行为，例如一分钟内一个球可以撞击多少次其他球，一秒钟内多少球可以撞击一条特定的轨道，或者一个球在撞击到另一个球之前移动的距离等。

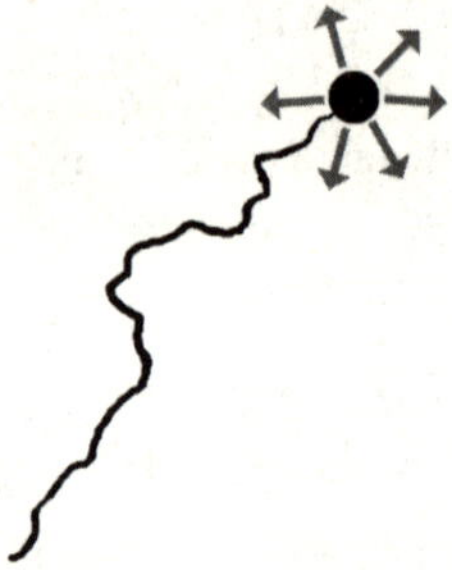

将裂隙打磨圆滑防止裂隙扩大。

材料中的裂隙随着其顶部变得更加尖锐而扩展。在孔洞的顶部钻孔，让裂隙没那么尖锐，将应力分散到更广泛的区域和更多的方向，可以让裂隙长度不再增加。

建筑材料、机械部件、家具甚至船只和飞机的圆角带来了类似的好处。窗户的圆角向各个方向扩展应力，而尖锐的方角则是通过系统中一个点扩展应力，而这是薄壳结构设计中的一个考虑关键。

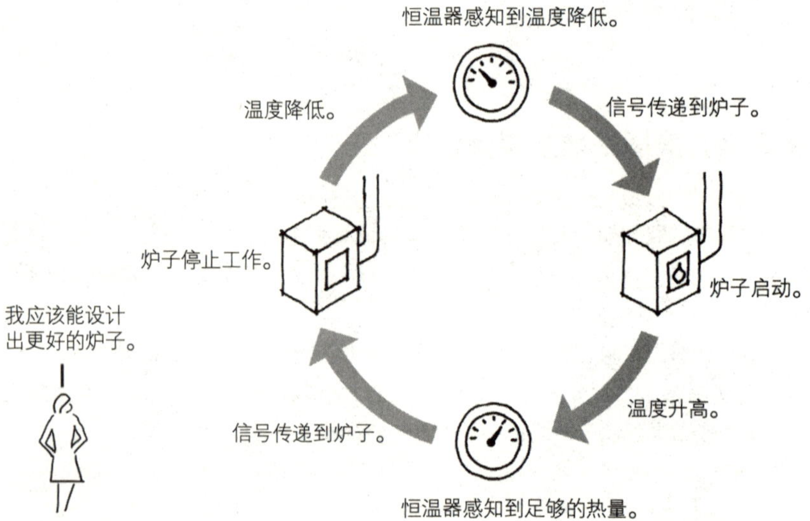
恒温器感知到温度降低。
信号传递到炉子。
炉子启动。
温度升高。
恒温器感知到足够的热量。
信号传递到炉子。
炉子停止工作。
温度降低。
我应该能设计
出更好的炉子。

负反馈

寻找负反馈。

在一个**负反馈**环中，系统的反馈与激励方向相反，实现了总体的稳定和平衡。例如，某个物种数量增长会导致食物的过量消耗，食物的过量消耗会导致该物种数量减少，从而导致可使用的食物增加，进而又导致该物种数量增加，如此往复直至理论上的平衡。

在**正反馈**环中，系统反馈的方向和激励的方向相同，使得平衡越来越不能达到。例如，新引入的外来物种会入侵本土物种的食物供给，本土物种不得不离开去往其他区域，而这就鼓励外来物种扩大其势力范围，使得本地物种进一步消退。

几乎所有的工程系统都依赖负反馈。但在某些情况下，例如当需要动量时，就得需要一个正反馈环了。

问题

问题的原因

问题的原因的原因

问题的原因的原因的原因

问题的原因的原因的原因的原因

问题的原因的原因的原因的原因的原因

问题的原因的原因的原因的原因的原因的原因

问题的原因的原因的原因的原因的原因的原因的原因

扩展问题空间。

几乎所有问题都比其刚出现时更大了。在一开始就探求和扩展问题，而不是做更多的工作，因为问题的范围肯定会持续增大。与其不能完善解决反而扩大问题，不如在解决问题的过程中减少问题。

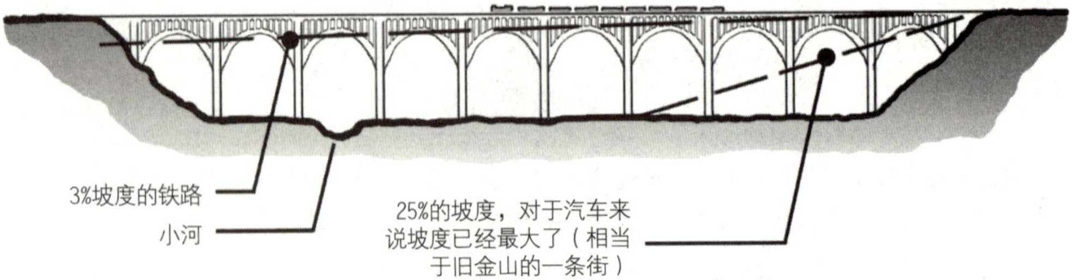

唐克汉诺克高架桥

唐克汉诺克高架桥

特拉华、拉克万纳和西部铁路公司希望将宾夕法尼亚州的斯克兰顿和纽约州的宾厄姆顿用更平直的铁路连接起来。拟建的克拉克斯峰到霍尔斯特德的山口线路的关键点是位于宾夕法尼亚州尼科尔森坡度平缓、宽度75英尺的唐克汉诺克河。这条河位于陡峭的山谷，火车在山谷中爬上爬下很困难，所以需要修一条2375英尺长、240英尺高的铁路高架桥。

大桥于1912年开始施工，1915年完工。基岩上共修建了13个桥墩，地下深度有12层楼高。工程消耗了1140吨钢筋和167000立方米的混凝土，相当于面积为一个足球场大而高度有7层楼高的物体。该项目曾是世界上最大的混凝土结构，达五十年之久，至今仍在使用。

化学家

研究化学反应及其结果，
发明新的溶剂、聚合物和药品。

化学工程师

将化学实验室中的发现
转化为大规模工业生产。

几乎所有物品都是化学物品，几乎所有化学物品都是危险物。

化学物品在一定的条件下，对工程师来说是有用的。在浓度未达到阈值时，化学物品不能用于工业生产，但达到一定浓度后，则变得有毒且不可控制。甚至水也是一种“有危险的”化学物品。摄入过量的水会改变身体的化学平衡，耗尽电解质，影响器官工作，而导致死亡。

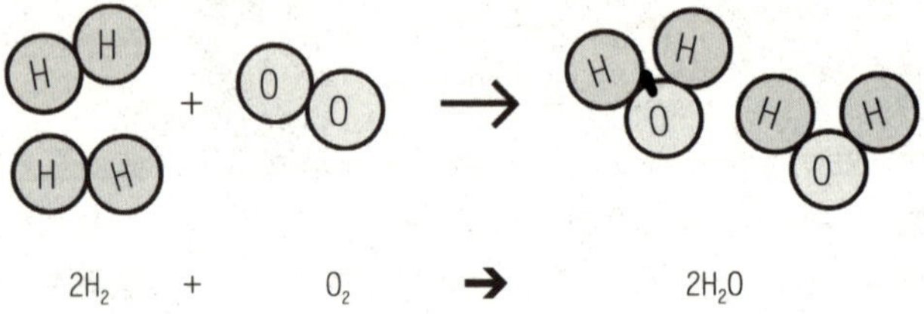

平均分配氢氧原子形成水

化学方程式不仅仅是方程式。

化学方程式并不代表纯数学的平衡，它用于表明化学反应的方向和结果。当反应物放置在一起时，它们相互作用构成或产生一种新的化合物或产物：

反应物+反应物→产物

在这个方程式中，“加号”表示“相互反应”，“→”表示“产生”。

化学方程不因产生或消灭原子而达到平衡。反应前后原子的种数不变，即使它们形成了新的分子。

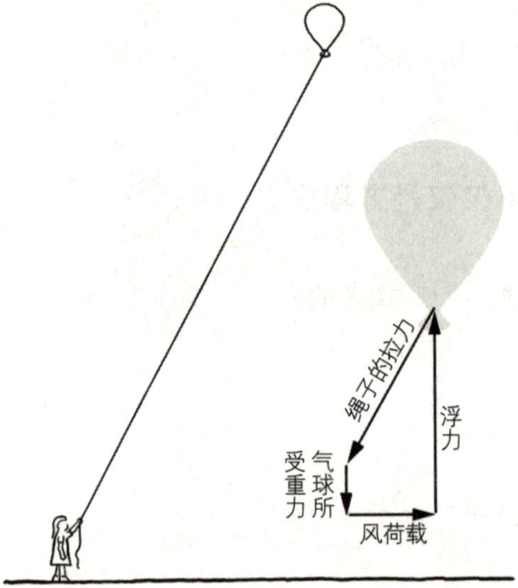

当一个物体达到平衡的时候，则作用在其上的力的总和为零，而矢量形成一个闭合的多边形。

平衡是动态的，不是静态的。

当两种化合物互相接触和反应，经过一段时间，反应达到平衡后停止。一部分化学物质结合形成了新的化学物质，而其他部分看上去不受影响。但即使是在平衡状态，混合物仍然是活跃的，部分产物分解到反应物中，而同时反应物继续合成产物。但总的交换率达到平衡，系统中并没有新的净变化。

同样的，结构平衡也是动态的。一个结构元件，即使不活动，处于平衡状态，其实也在化解作用在其上的各种力量，形成合力为零的局面。如果没有达到合力为零的局面，那物体要么加速、要么减速，要么改变方向。

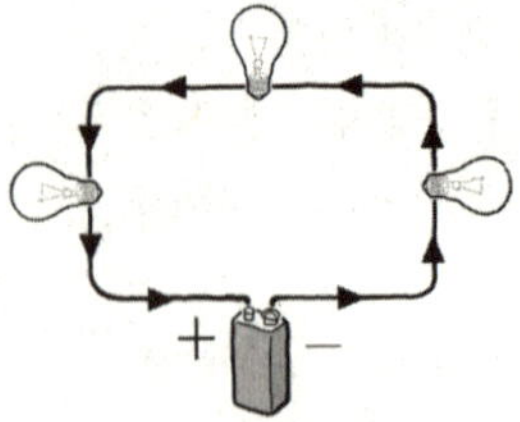

串联电路

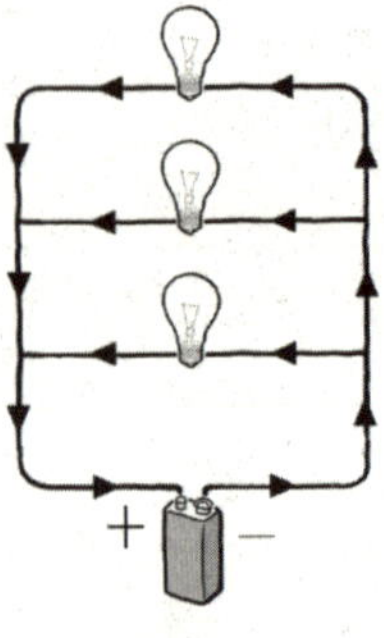

并联电路

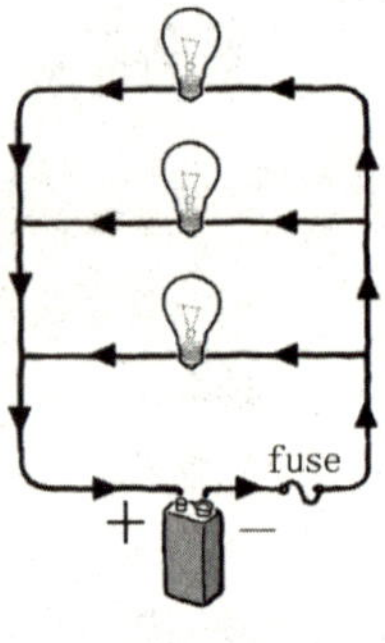

串接保险丝的
并联电路

电流只在能回到电源时才工作。

串联电路使用单回路，电流在回到电源前经过它每个服务的设备。每个设备降低了其他设备可用的电压。灯泡越多，则灯泡变暗的程度越大。当一个灯泡烧掉，电路中断，所有灯泡都不能工作。

在**并联电路**中，每个设备都从电源接受电流，电流不用经过每个设备。电压在回路中各处都是一样的，灯泡的数量不影响它们的亮度。如果一个灯泡烧掉，其他的灯泡还可以工作。

由于串联电路的局限性，并联电路就得以用于城市间和建筑物内的电力传输。然而，保险丝和断路器是**串接在并联电路**中的。当保险丝因为电流过大而“烧毁”时，如同串联电路中灯泡烧毁时切断电路一样，并联电器保证其他设备不受影响。

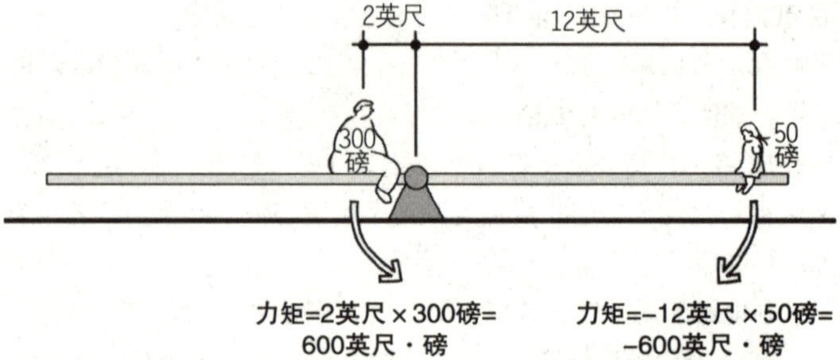
2英尺
12英尺
300
磅
50
磅
力矩=2英尺×300磅=
600英尺·磅
力矩=-12英尺×50磅=
-600英尺·磅

跷跷板的工作原理是力矩平衡。

力矩是对围绕一个点旋转趋势的度量，可以由以下公式表示：

力矩 =力×垂直距离

无论力作用的位置在哪，让一个物体围绕一个点旋转的力矩是一个常量。例如，打开一扇门，可以在距离门铰链一定距离处施加必要的力，或者距离减小一半而力增大一倍，又或者距离减小为四分之一而力增大到四倍。在任何情况下，力乘以距离的结果是一样的。

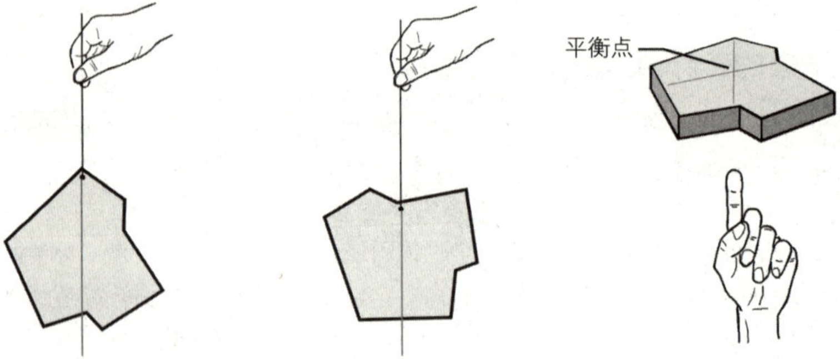

1.从一点悬住物体，
从该点画一条铅垂线。

2.从另一点悬住物体，
从该点画一条铅垂线。

3.两条铅垂线的交点
就是该物体的平衡点。

如何确定一个形状不规则物体的质心

重心

一个物体的重心是组成这个物体的各物质的平均位置，在这个点上物体平衡。对于密度均匀的物体，在均匀重力环境中，**面心**（几何中心）、**重心和质心**是一样的。

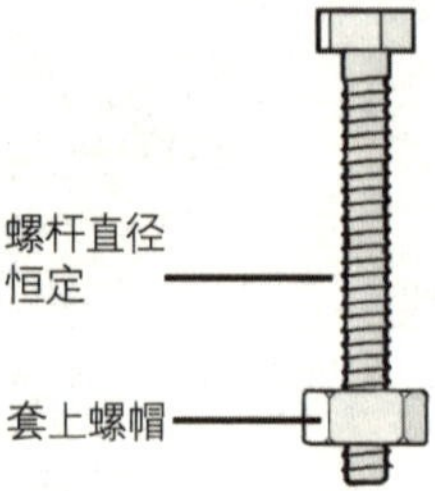

螺栓

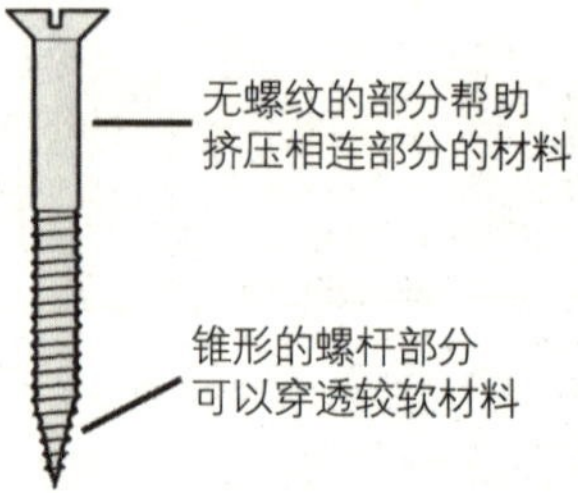

螺钉

柱被称为柱，而不称为支撑柱。

同样的，梁就是梁，也没见有人称其为支撑梁，虽然它理应起到支撑的作用。其实柱和梁是不同的东西：柱是垂直的，而梁是水平的。柱子常常是由钢筋、混凝土或石头做的。但如果柱子是木头做的，那它就只能作广告栏。没有核工程师或石墙的说法。建筑物坐落在一片基础上，而不是一个基础上。厨房里的水盆就称为水盆，但浴室里的水盆就称为洗澡盆了。螺栓和螺钉是不同的东西，但标准地说，螺钉的名字也不准确。钢不是一种纯金属，而是一种合金；不锈钢也并非不锈，而是锈比较少。热水器用于加热水，已经热了的水是不用再加热的，所以这里的“热”是动词而不是名词。

说清楚是什么，更重要的是说清楚为什么。

将一个设计概念告诉其他设计者以开展工作时，要让人明白做这样决定的原因，包括技术的、工程的、个人的或其他的原因。详细说明你的意图，鼓励其他人探究你未曾想到的其他方法，帮助确定这个项目最关键的目标。或许最重要的，是让他们知道你的设计是有合适的理由。

同样，当设计师就一个项目寻求你的帮助时，也要询问做这样决定的理由。这样当你不能达到他或她期许的结果时，他们就不会那么失望了。

约翰·福勒（John Fowler）、渡边嘉（Kaichi Watanabe）和本杰明·贝克（Benjamin Baker）福斯湾大桥的工程师，于1887年展示大桥结构。

工程师都会计算，而好的工程师则还会沟通。

用于解决工程问题的科学概念、分析过程和数学计算都经过了上百年的发展。但更早的时候，工程师们就开始使用基于数学、化学和物理的共同语言，这样在任何地方想出的任何工程解决方案都能被其他工程师理解。

随着更多工程专业的出现，出现了“工程方言”。现在，工程师不仅要懂得其专业领域高度专业的术语和概念，还必须能够将他们的知识和想法变成客户、用户和其他工程师能懂的日常用语和专业术语。

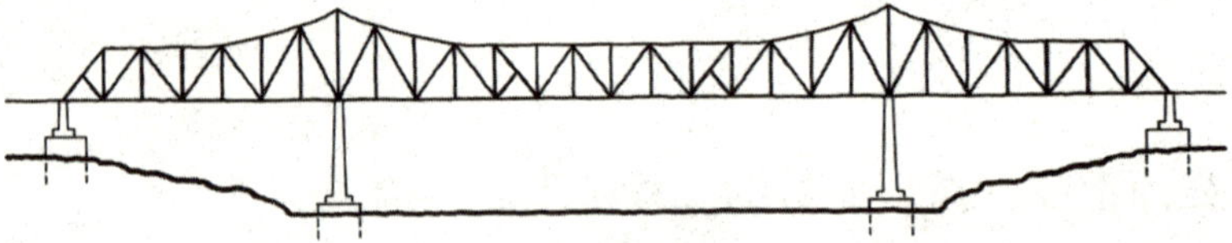

完成时的形态

结构原理

常见的双悬臂桁架桥

如何看懂悬臂桥。

大多数大桥是以悬臂方式建造的。先在河中或峡谷中修建混凝土桥墩，然后在每个桥墩之上，开始以悬臂的方式向两个方向延伸结构。这样，总的荷载平衡得以保持，施工向梁跨伸展的地方扩展。最终，悬臂直接相接或者通过额外的结构来相接。

在钢桁架结构中，如果使用了悬臂方法，那么它在完工的时候就是一个桁架，并被归类为桁架大桥。有时候，悬臂结构很明显，就像福斯湾大桥那样，有时候就没那么显眼。

斜拉桥、悬索桥以及一些混凝土拱桥都是使用异形悬臂的方法来建造的。但建成后，他们从结构上与悬臂不同，并不归类在悬臂桥。相反，一些钢筋混凝土的大桥并不是用纯粹的悬臂方法建造，但仍归属于悬臂结构。

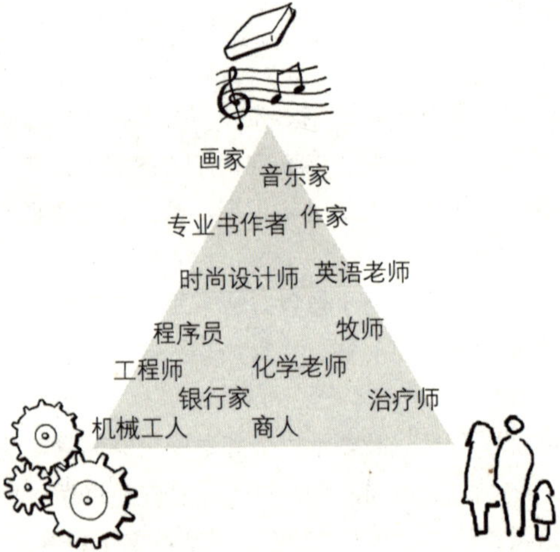
画家
音乐家
专业书作者
作家
时尚设计师
英语老师
程序员
牧师
工程师
化学老师
银行家
治疗师
机械工人
商人

随机假设2

世界上有三种人：与语言打交道的人，与人打交道的人，与物体打交道的人。与语言打交道的人通过书面的、口头的以及形象化的沟通方式发现与世界有意思的联系。与人打交道的人寻找与其他人和人类事业相关、具有同理心的联系。与物体打交道的人通过与实物间的关系来感受世界。但“物体”不仅仅是指“实物”，他们是从他们关心的物体的角度来认识世界。

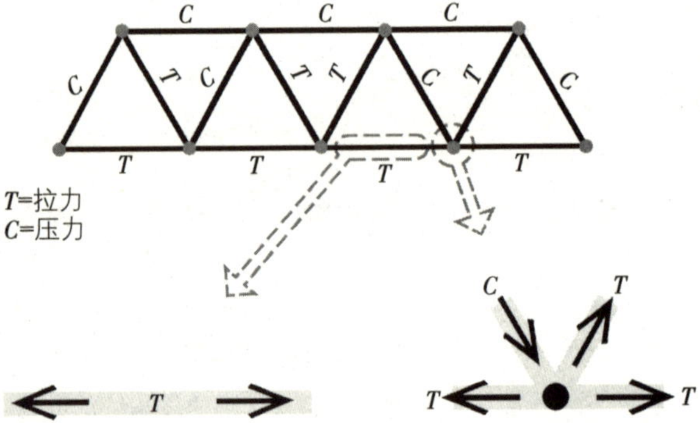

杆件受力图

结点受力图

线和点的转换。

当试图分析一个复杂问题时，要将眼光从外部观察者的角度变成正在分析的物体的角度。如果你就是所要分析的物体，你感受到了什么样的力？经受了什么样的应力？如何反应来保持平衡，以不发生扭转、翻转、变形、推翻或加速?

桁架的结构分析需要人们持续在线和点的角度转换。如果做不到，那么力的方向就可能是错的。当线处于拉伸时，与想象的一样，力的方向从线自身指向外部。但在线连接的点上，力的方向是相反的，即指向线。这是因为拉力让所有相关的组件都处于拉伸，但每个组件都从其自身的角度来体会应力。

$$\text{满意度} = \frac{\text{成绩}}{\text{投入}}$$

行为满意度

$$\frac{\text{成绩}}{\text{投入}} \leftrightarrow \frac{\text{成绩}}{\text{投入}}$$

行为比较

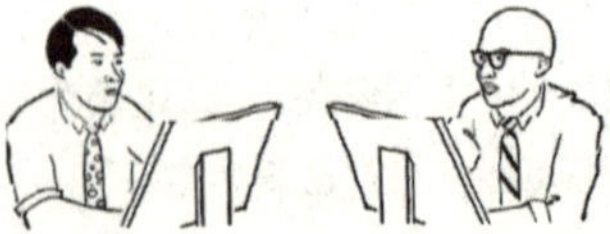

$$\frac{\text{成绩}}{\text{投入}} \leftrightarrow \frac{\text{他人成绩}}{\text{他人投入}}$$

情境比较

$$\frac{\text{成绩}}{\text{投入}} \leftrightarrow \frac{\text{伙伴成绩}}{\text{伙伴投入}}$$

关系比较

满意度工程学。

一个人从某种活动中得到的满意度大致可由投入产出比来量化。让人感到一件事情值得做，不必非让产出高于投入。其实，这个人与在其他状况下的满意度的对比或与其同伴满意度的对比，才是更关键的决定因素。当人们感到公平或者收益更好的时候，至少不比同伴的满意度低，人就更可能受到激励。当人感到收获不公平，会倾向于失去兴趣、没有动力，甚至产生憎恶。

满意度与人际关系相关。不管同伴中每个人的投入产出比是否与另外一人的投入产出比相同，如果同伴两人经历了相同的投入产出比，那么满意度就是双向的。

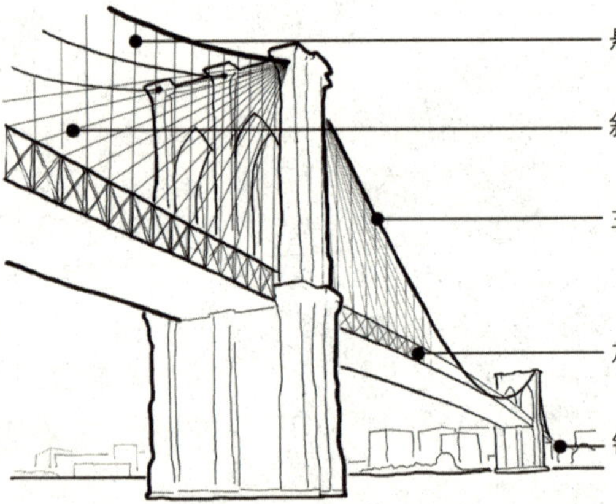
悬索（垂直方向）
斜拉索（斜线方向）
主拉索
加劲桁架
锚固

工程事件也是人类事件。

作为美国独创性和乐观精神的象征，布鲁克林大桥在修建最初并不顺利。工程师约翰·奥古斯都·罗布林在勘查现场时被船伤到了脚。在截掉几个脚趾，差点死于破伤风后，他让32岁的儿子华盛顿来接替他的工作。此后不到三年，华盛顿·罗布林离开水压大的开挖洞室时罹患沉箱病，几乎瘫痪。此后十一年，他待在家中无法出门，而由他的妻子爱米丽负责这个项目直到工程完工。

1883年5月，付出了二十多个工人死亡的代价，世界上最大的拉索桥和第一个使用钢索的大桥启用了。华盛顿·罗布林没能参加，而爱米丽第一个通过大桥，后面跟着1800辆汽车和150000名行人。

但一些纽约群众怀疑大桥的强度。这座桥的长度是过去任何拉索桥长度的15倍，而且在大桥施工过程中，发现拉索供应商提供了劣质的拉索。华盛顿·罗布林在拉索的顶端和桥面间加装了250根斜拉索，让大桥成了悬拉和斜拉的混合结构，有着优雅的外观。另一个事件是大桥启用后几天，有一个妇女在桥上大叫，造成数人恐慌，他们逃离大桥时发生踩踏，因此有12人丧生。

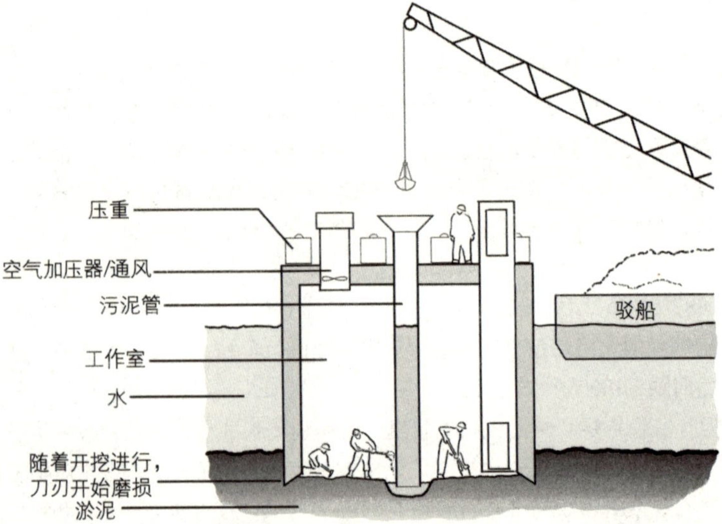

大桥沉箱的截面图

关于“设计”的“设计”。

一个设计精良的产品，如果其制造工艺不现实或不经济，就不能说其设计精良。一种奇思妙想的新能源汽车，在汽车新能源加充设施设计和大规模安装完成前不可能成功。一个巧妙的施工方法，如果不能为操控工具的工人预留工作空间，也不能叫聪明。没有在河中必要的开挖和浇筑混凝土的工序，再好的大桥桥墩设计也不完整。

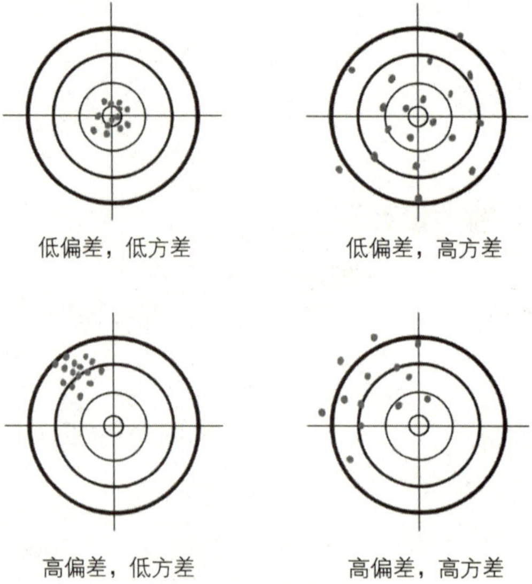

偏差是预测值和实际值之间的差值。
方差是一组数据与其平均值的平均距离。

找出用于评估结果的基准。

工程解决方案应是客观上可测量的改进方案，这就需要有初始状况来进行比较。在设计开始时，尤其是各利益相关方对结果的感觉和测量不同时，应该让大家就评估的基准达成一致，并公布该基准。前后进行准确的测量，在设计过程中再来审视这个基准。如果它不再合适，就放弃这个基准，但别放弃“评估基准”这个概念，可以再找一个更合适的新基准。

优先

“最重要的事情是让最重要的事情成为最重要的事情。”

—— 唐纳德 · P. 科杜托，《基础设计》（Foundation Design）杂志

桥塔：为鹰、鹫提供了筑巢的地方。

高速公路：石笼墙使用了废石头，为爬墙植物创造了条件，也减少了墙上乱写乱画。

立交桥：桥下为蝙蝠提供了栖息之地。

废水处理：甲烷可用于发电。

精深和广博并举。

工程是不同专业的领地。工程师被召集到工地来解决特定的问题，当然应该别为其他事情分心，否则会忘了你应该做的事情。但另一方面，也别太专注一件事情而没能尽力多做事情。

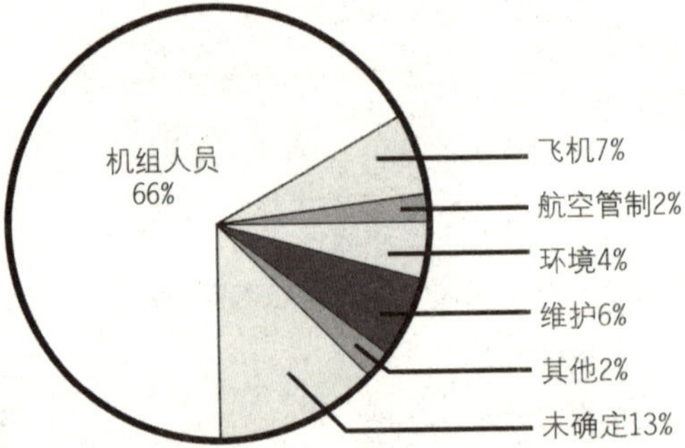

全球飞机事故原因分析

在工程外解决工程问题。

1977年3月27日，一架泛美航空的波音747飞机正在西班牙加那利群岛的特内里费北机场跑道滑行，一架荷兰航空波音747飞机正试图起飞。引发的相撞导致583人死亡，这是航空史上最惨烈的灾难。人们发现该事故有很多原因，包括：

- 附近一个更大的机场临时关闭，导致事故机场流量太大。
- 很多飞机停在跑道上，飞机滑行方式变得困难。
- 浓雾导致能见度低。
- 无地面雷达，控制台必须依赖无线电来发现飞机位置。
- 同步无线电互斥，听不到信号或误听，导致荷兰航空飞机未经许可便起飞，尽管副机长在当时有所疑虑。

此次灾难发生后，航空业界发生的变化包括：

- 除控制台允许飞机起飞外，禁止使用“起飞”这个词。在其他时候，使用“离开”这个词。
- 业界对所有乘务人员再次培训，允许下级有疑问挑战上级，机长在做决策时应听取乘务人员的意见。

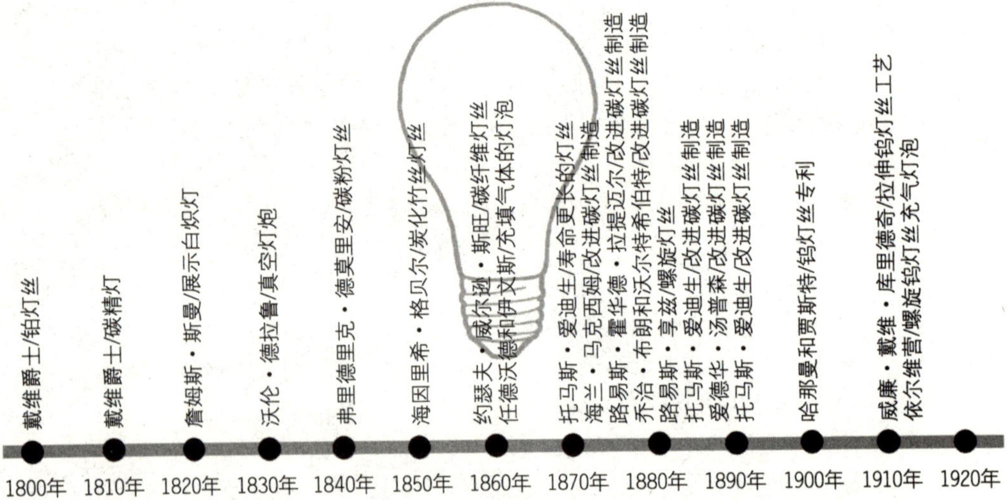

托马斯·爱迪生在发明灯泡中起到的作用

工程就像是改进车轮，而不是发明车轮。

伟大的发明通常是在业已取得的成绩基础上的进步。吉德昂·逊德巴克在1917年发明了拉链。但怀特康布·贾德森在十八年前就发明了自锁扣，而缝纫机的发明人埃利亚斯在四十多年前就为“自动、连续衣物拉索”注册了专利。逊德巴克用凹凸绞合结构取代了钩环结构，大大增加了每英寸索扣的数量，并成为人们所熟悉的滑动开关形式。逊德巴克为“可分离扣”注册专利六年后，B.F.古德里奇在他的公司使用逊德巴克的设计生产橡胶套鞋时，创造了“Zipper”（拉链）这个拟声词。

哲学家

思考人类活动模式、意义和价值

科学家

通过假设和试验找到自然的原理

工程师

在已验证的科学原理基础上设计有用的东西

技术人员

检查问题、解决问题并使用已知的方法实施

用户

期待“傻瓜式”的应用；通常专业技术知识有限

伟大的可持续发展的行业。

工程是具有可持续的事业，其将人类的深奥问题与普通活动联系在一起。不能意识到这一点的工程师，只能反复执行书本上的东西。而意识到这一点工程师会更好地适应变化的时代，应对未知的挑战和不熟悉的环境。在这可持续发展中的工作的人可能最容易做出新的贡献。

Notes

Lesson 2: Adapted from Mark Holtzapple, W. Reece, *Foundations of Engineering* (McGraw-Hill Science/Engineering/Math, 2nd ed., 2002), p. 9

Lesson 5: With regards to Ralph Caplan, *By Design*

Lesson 52: Adapted from Frederick Gould, *Managing the Construction Process* (Prentice Hall, 4th ed., 2012), p. 64

Lesson 53: Gary T. Schwartz, "The Myth of the Ford Pinto Case," *Rutgers Law Review*, Vol. 43, p. 1029

Lesson 67: Adapted from John Elkington, *Cannibals with Forks*

Lesson 75: Derived from "The Possibility of Life in Other Worlds" by Sir Robert Ball, *Scientific American Supplement*, No. 992, January 5, 1895, pp. 15859–61

Lesson 76: With regards to the late Jane Jacobs, *The Death and Life of Great American Cities*

Lesson 99: "Global Fatal Accident Review, 1997-2006," UK Civil Aviation Authority

Index

Numbers indicate lessons, not pages.